BMW K 75, K 75 c, K 75 s

AF903817

Ein Wort zuvor

Seit Erscheinen der K 75 hat BMW am Dreizylinder-Triebwerk nichts Grundlegendes verändert – weder ein Vierventilkopf noch Hubraumerweiterung wurden ihr zuteil. Dafür entschädigt der Drilling mit einer harmonischeren Laufkultur als die Tausender und erfreut mit ordentlichem Durchzugs- und Beschleunigungsvermögen. Un-

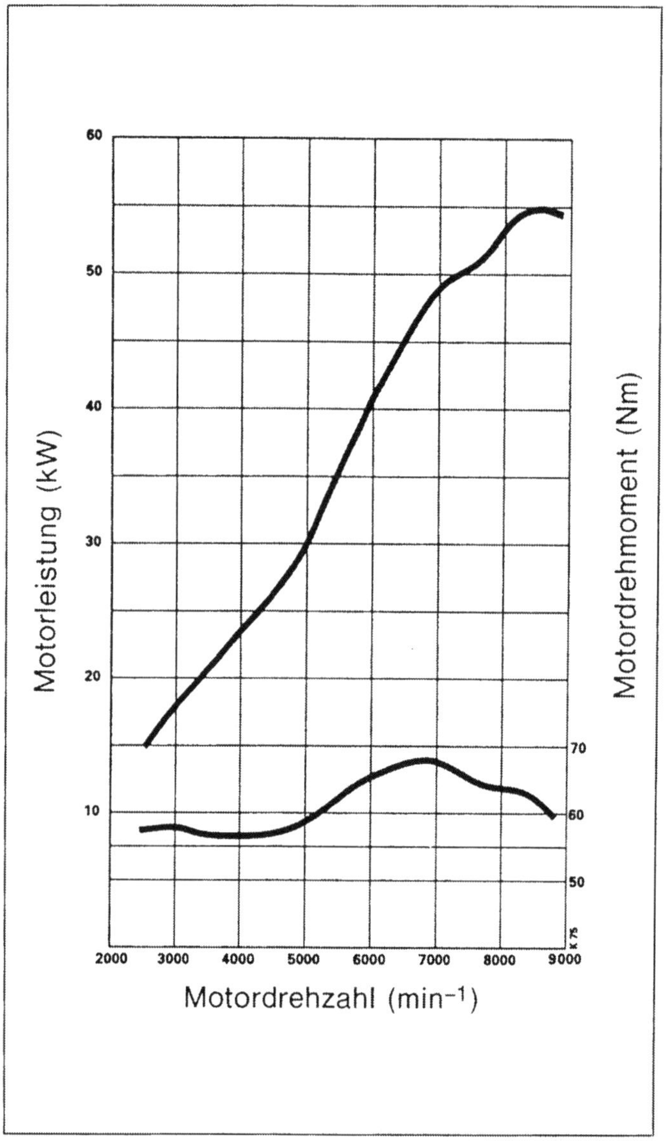

verständlicherweise bietet BMW jedoch keinen geregelten Katalysator wie für die Vierzylinder-Modelle an.
BMWs 750er Dreizylinder führen zwar ein Schattendasein in der K-Familie, dafür haben sie aber eine feste Fangemeinde – und nicht wenige sind der Meinung, die K 75 ist die bessere K 100.

In eigener Sache: Dieser Band kann keine dreijährige Motorradmechaniker-Ausbildung ersetzen, setzt aber geübten Umgang mit Werkzeug und Materie voraus.
Einzelne Arbeitsgänge, zu deren Durchführung Sonderwerkzeuge oder umfangreicher Maschinenpark (Ventilsitzfräser, spezielle Dorne und Hülsen, Pressen) benötigt werden, die Hobbymechaniker-Verhältnisse übersteigen, werden zur Durchführung der Fach- oder BMW-Werkstatt empfohlen.
Um sich und andere nicht zu gefährden, sind Arbeiten an der Bremsanlage erfahrenem Fachpersonal vorbehalten.

1 Werkzeug

Das mit der Maschine gelieferte Bordwerkzeug können wir für umfangreichere Wartungsarbeiten oder gar Motorüberholungen vergessen – auch wenn es zum Besten gehört, was dem Motorradler vom Werk mitgegeben wird. Also muss passendes Qualitätswerkzeug selbst besorgt werden, mit dem der Freizeit-Mechaniker seine Maschine mit Spass bei der Arbeit in Schuss halten kann. Hier eine Aufstellung von Werkzeugen, über die der engagierte Hobby-Mechaniker verfügen sollte:

1 Gabelschlüssel
(kompletter Satz ab 6/7 bis 30/32)
2 Ringschlüssel
(abgekröpft, kompletter Satz ab 6/7)
3 Steckschlüssel
(kompletter Satz ab 8/9 bis 20/22
und SW 30, 32, 36!)
4 Innensechskantschlüssel
(kompletter Satz 2–8 mm, abgewinkelt)
5 Schraubendreher für Schlitzschrauben
(ein kompletter Satz)
6 Schraubendreher für Kreuzschlitzschrauben
(ein kompletter Satz)
7 Schlosserhämmer
(200 g, 500 g, 1000 g)
8 Meissel
(ein Satz = Meissel, Durchtreiber, Körner)
9 Stroboskoplampe
(Zündungskontrolle)
10 Feilen und Ölstein
(je ein Satz)
11 Flachschaber
(verschiedene Klingenbreiten,
im Durchschnitt 23 mm)
12 Dreikant-Schaber
13 Zangen
(Kombi-, Wasserpumpen-, kleine Flachspitz-, Rundspitz-, Innen- und Aussenseegerring- und Grip-Zange)
14 Isolierter Seitenschneider
15 Schlagschraubendreher
(mit Schlitz- und Kreuzschlitz-Einsätzen)
16 Knarre
(komplett mit allen Einsätzen)
17 Drehmomentschlüssel
(5–60 Nm/60–300 Nm, dazu alle nötigen Werkzeuge und Nüsse)
18 Gewindeschneid-Ausrüstung
(komplett mit Lehre und Schneider)
19 Helicoil-Ausrüstung
20 Elektrische Bohrmaschine
(komplett mit Ausrüstung, inklusive Ständer)
21 Schraubstock
22 Werkbank

Das *könnte* genügen, aber der sichere Mann treibt die Freude noch weiter und gönnt sich noch andere gute Sachen.

23 Verschiedene Abzieher, von denen der wichtigste ein einfacher zweiarmiger ist
24 Lötlampe mit verschiedener Ausrüstung
25 Elektrische Heizplatte
(ca. 25 cm Durchmesser)
26 Schiebelehre (Mess-Schieber) und Messuhr
(letztere komplett mit Halter)
27 Schraubzwingen zum Festhalten von Teilen
28 Ventilfeder-Spanner
29 Kolbenring-Spannzange
30 Lötkolben
(verschiedene Grössen – 30, 80, 150 Watt)
31 Für die Elektrik: Prüflampe, Ohm-Meter, Volt-Meter, Säureprüfer

Dermassen ausgerüstet, bereitet es auch keine Schwierigkeiten, sich aus den Beständen des nächstgelegenen Schrotthändlers Abzieher, Abdrücker oder Spezialdorne und -halter zu konstruieren. Nützlich ist in dem Fall auch noch ein Schleifbock. Eine Motorradhebebühne stellt ebenfalls eine nicht zu unterschätzende Arbeitserleichterung dar. Auf die Reifenmontage wird hier nicht eingegangen, da der Reifenhändler erstens die Räder Ihrer K 75 schonender behandelt, als dies bei einem Reifenwechsel in Eigenregie vonstatten geht, und er zweitens auch für die richtige Auswuchtung (dynamisch) zuständig ist.

2 Störungssuche

Kein Wort über die Zuverlässigkeit der BMWs! Störungen sind bei richtiger Pflege nicht zu erwarten, kommen aber natürlich dennoch gelegentlich vor.
Die folgende Liste soll helfen, Fehler zu lokalisieren.

2.1 Schmiersystem

2.1.1 Ölstand zu niedrig, hoher Ölverbrauch

- Öl läuft aus, Dichtungen lassen durch
- Kolbenringe verschlissen
- Ventilführungen abgenutzt

2.1.2 Öl verschmutzt

- Öl nicht rechtzeitig gewechselt
- Ölfilter nicht rechtzeitig gewechselt
- Zylinderkopfdichtung schadhaft
- Kolbenringe verschlissen

2.1.3 Öldruck zu niedrig

- Ölstand zu niedrig
- Überdruckventil geöffnet
- Überdruckventil festgeklemmt
- Ölpumpe verschlissen
- Öl läuft aus

2.1.4 Öldruck zu hoch

- Überdruckventil geschlossen oder festgeklemmt
- Ölfilter, Öltunnel verstopft
- Falsche Ölviskosität

2.1.5 Kein Öldruck

- Ölstand zu niedrig
- Ölpumpe defekt
- Internes Ölleck

2.2 Kraftstoffsystem

2.2.1 Motor wird durchgedreht, springt aber nicht an

- Kein Kraftstoff im Tank
- Kraftstoff gelangt nicht zum Vergaser
- Motor mit Kraftstoff überflutet («abgesoffen»)
- Kein Funke an den Zündkerzen
- Kraftstoff-Filter verstopft
- Luftfilter zugesetzt
- Ansaugen von Nebenluft
- Falsche Choke-Betätigung
- Falsche Gasdrehgriff-Betätigung

2.2.2 Motor springt schlecht an oder geht sofort wieder aus

- Falsche Choke-Betätigung
- Versagen der Zündanlage
- Einspritzanlage defekt
- Kraftstoff verschmutzt
- Ansaugen von Nebenluft
- Leerlaufdrehzahl falsch eingestellt

2.2.3 Unruhiger Leerlauf

- Zündsystem defekt
- Leerlaufdrehzahl falsch eingestellt
- Drosselklappen nicht synchronisiert
- Drosselklappen-Einheit defekt
- Kraftstoff verschmutzt

2.2.4 Zündaussetzer beim Beschleunigen

- Zündsystem defekt
- Falscher Elektroden-Abstand der Zündkerzen

2.2.5 Fehlzündungen

- Zündsystem defekt
- Drosselklappen-Einheit oder Einspritzanlage defekt
- Falscher Elektroden-Abstand der Zündkerzen

- Drosselklappen-Einheit zieht Neben-(Falsch-)Luft

2.2.6 Schlechte Leistung und hoher Verbrauch

- Kraftstoffsystem verstopft
- Zündsystem defekt
- Druckregler defekt
- Luftfilter verschmutzt

2.2.7 Zu mageres Gemisch

- Einspritzdüsen verstopft
- Tank-Belüftung verstopft, Belüftungs-Schlauch eingeklemmt
- Kraftstoffschlauch eingeklemmt
- Ansaugen von Nebenluft

2.2.8 Zu fettes Gemisch

- Druckregler defekt
- Choke bei warmem Motor betätigt
- Luftfilter verschmutzt

2.3 Zylinderkopf, Ventile, Zylinder

2.3.1 Zu niedrige oder ungleichmässige Kompression

- Ventile falsch eingestellt
- Ventile verbrannt oder verbogen
- Falsche Ventilsteuerzeiten
- Ventilfeder gebrochen
- Zylinderkopfdichtung bläst durch
- Zylinderkopf verzogen oder gerissen
- Zylinder oder Kolbenringe verschlissen

2.3.2 Zu hohe Kompression

- Übermässige Ölkohlebildung im Brennraum

2.3.3 Starke Geräuschentwicklung

- Ventile falsch eingestellt
- Klemmendes Ventil oder gebrochene Ventilfeder
- Steuerkette zu locker oder verschlissen
- Steuerkettenspanner verschlissen oder beschädigt
- Kolben oder Zylinder verschlissen
- Übermässige Ölkohlebildung im Brennraum

2.3.4 Starke Rauchentwicklung

- Zylinder oder Kolben verschlissen
- Kolbenringe falsch montiert/gebrochen
- Kolben oder Zylinderwand mit Riefen oder Schrammen

2.3.5 Überhitzen

- Übermässige Ölkohlebildung im Brennraum

2.4 Kupplung, Schaltgestänge, Getriebe

2.4.1 Kupplung rutscht beim Beschleunigen

- Kein Spiel in der Betätigung
- Feder erlahmt oder zu schwach
- Kupplungsbeläge verschlissen

2.4.2 Kupplung rückt nicht aus

- Zuviel Spiel in der Betätigung
- Scheibe verzogen
- Druckmechanismus defekt

2.4.3 Kupplung rupft

- Antriebswelle falsch ausdistanziert

2.4.4 Übermässig starker Hebeldruck

- Kupplungszug falsch verlegt, beschädigt oder verschmutzt
- Druckmechanismus beschädigt

2.4.5 Getriebe schwer schaltbar

- Falsche Kupplungseinstellung, zuviel Spiel in der Betätigung
- Schaltgabeln verbogen
- Schaltwelle verbogen
- Schaltwalze beschädigt

2.4.6 Gänge springen heraus

- Schaltklauen verschlissen oder verbogen

- Schaltwelle verbogen
- Schaltwalzen-Anschlag defekt

2.5 Kurbelgehäuse, Kurbelwelle

2.5.1 Übermässig starkes Geräusch

- Kurbelwellenhauptlagerzapfen oder Lager verschlissen (Rumpeln)
- Pleuellager verschlissen (Klopfen)

2.6 Vorderbau

2.6.1 Lenkung schwergängig

- Lenksäulenmutter zu fest angezogen
- Lenkkopflager beschädigt oder defekt
- Reifenluftdruck zu niedrig

2.6.2 Motorrad zieht nach einer Seite

- Gabelbeine falsch mit Öl befüllt
- Standrohr verbogen
- Vorderachse verbogen
- Rad falsch eingebaut

2.6.3 Vorderrad flattert

- Rad verzogen
- Vorderradlager ausgeschlagen
- Reifen falsch montiert
- Reifen defekt oder unwuchtig
- Achsmutter nicht genügend angezogen

2.6.4 Federung zu weich

- Gabelfedern ermüdet
- Zu wenig Gabelöl
- Falsche Gabelöl-Viskosität

2.6.5 Federung zu hart

- Zu viel Gabelöl
- Falsche Gabelöl-Viskosität

2.6.6 Geräusche beim Einfedern

- Gleitrohr oder Führungsbuchsen abgenutzt
- Zu wenig Gabelöl
- Vorderradgabel-Befestigungsteile lose

2.7 Vorderradbremse

2.7.1 Schlechte Bremsleistung

- Luft im Hydrauliksystem
- Abgenutzte Bremsklötze
- Bremsklötze verschmutzt oder verglast
- Hydrauliksystem undicht

2.7.2 Handbremse rubbelt

- Bremsscheibe mit unzulässig hohem Schlag

2.7.3 Schlechte Bremsleistung

- Luft in der Bremsleitung
- Bremsbeläge abgefahren, verglast

2.7.4 Nachlassende Bremswirkung unter starker Belastung

- Bremsflüssigkeit überaltert

2.8 Hinterrad, Bremse, Aufhängung

2.8.1 Trommeln oder seitliches Flattern des Rades

- Rad verzogen
- Radlager lose
- Reifen falsch montiert
- Reifen defekt
- Reifen unwuchtig
- Rad nicht festgezogen
- Schwingen-Lagerung zu viel Spiel/defekt

2.8.2 Bremshebel wippt

- Bremstrommel unrund
- Bremsbacken (oben/unten) falsch montiert

2.8.3 Federung zu weich

- Federn ermüdet
- Stossdämpfer falsch eingestellt
- Stossdämpfer defekt

2.8.4 Geräusche beim Einfedern

- Stossdämpfergehäuse klemmt
- Befestigungsteile lose
- Schwingenlagerung verschlissen

2.8.5 Schlechte Bremsleistung

- Bremsbeläge verölt, verglast
- Bremsbeläge abgefahren

2.9 Batterie, Batterieaufladung

2.9.1 Kein Strom bei eingeschalteter Zündung

- Batterie leer
- Zu niedriger Säurestand
- Zu geringe spezifische Dichte
- Störung im Ladekreis
- Batteriekabel abgetrennt
- Hauptsicherung durchgebrannt
- Zündschalter defekt

2.9.2 Schwacher Strom bei eingeschalteter Zündung

- Batterie nicht aufgeladen
- Zu niedriger Säurestand
- Zu geringe spezifische Dichte
- Störung im Ladesystem
- Batterieanschluss lose

2.9.3 Schwacher Strom bei laufendem Motor

- Batterie nicht ausreichend geladen
- Zu niedriger Säurestand
- Eine oder mehrere tote Zellen
- Störung im Ladekreis

2.9.4 Zeitweilig aussetzender Strom

- Lose Kabelanschlüsse (Wackelkontakte)
- Kurzschluss in der Anlage

2.9.5 Störung im Ladekreis

- Kabel oder Anschluss lose, gerissen oder kurzgeschlossen
- Diodenplatte defekt
- Generator defekt

2.10 Zündsystem

2.10.1 Motor wird durchgedreht und springt nicht an

- Kein Funke an den Zündkerzen
- Zündgeber-Einheit defekt
- Kabel zwischen Zündkerzen oder Zündgeber und Zündspule ungenügend angeschlossen, gerissen oder kurzgeschlossen

2.10.2 Kein Funke an den Zündkerzen

- Kurzschluss-Schalter auf Off
- Kabel schlecht angeschlossen, gerissen oder kurzgeschlossen zwischen Generator und Zündspule, Zündgeber-Einheit und Kurzschluss-Schalter, Zündgeber-Einheit und Zündspule, Zündgeber-Einheit und Zündschloss oder zwischen Zündspule und Zündkerze
- Zündschloss defekt
- Zündspule defekt
- Zündgeber-Einheit defekt

2.10.3 Motor springt an, läuft aber stotternd oder dreht nicht hoch

- Defekt im Primärzündstromkreis
- Zündspule defekt
- Loses oder blankes Kabel
- Wackelkontakt oder loses Kabel in einem Schalter
- Defekt im Sekundärzündstromkreis
- Zündkerze defekt
- Hochspannungskabel defekt
- Falscher Zündzeitpunkt
- Zündgeber-Einheit defekt
- Defekt im Kraftstoffsystem

2.11 Starter

2.11.1 Startermotor dreht sich nicht

- Batterie entladen
- Zündschalter defekt
- Startknopf defekt
- Leerlaufschalter defekt
- Starter-Relaisschalter defekt
- Kabel lose
- Kabel abgetrennt

2.11.2 Startermotor dreht den Motor nur langsam durch

- Zu schwache Batterie
- Hoher Widerstand im Schaltkreis
- Startermotor klemmt, defekt

2.11.3 Startermotor läuft, ohne den Motor durchzudrehen

- Magnetschalter defekt
- Zahnräder des Startermotors defekt
- Zwischenzahnrad defekt

3 Wartung

- ● ⚠ – Wenn besondere Vorsicht angezeigt ist
- ● TIP – Wenn ein Fingerzeig gegeben wird
- ● 👁 – Wenn Inaugenscheinnahme erforderlich ist
- ● 📏 – Wenn genaues Messen erforderlich ist

Wer lange Freude am zuverlässigen Funktionieren seiner Maschine haben will, kommt um regelmässige Wartungsarbeiten nicht herum. Der BMW-Drilling ist jedoch einfach im Grundaufbau, so dass die Pflegedienste keinen grossen Werkzeug- und Zeitaufwand erfordern. Allerdings erfordert das Korrigieren des Ventilspiels und Ölfilterwechsel Spezialwerkzeug.
Die Wartungsintervalle 3.1 müssen bei normaler Fahrweise nicht sklavisch eingehalten werden. Während einer Urlaubsfahrt kann die fällige Inspektion auch einmal um 500 Kilometer hinausgeschoben werden.
Anders sieht es bei häufigem Kurzstreckenverkehr oder bei dauernden Regenfahrten aus. Eine Fahrerin oder ein Fahrer mit Durchblick werden erkennen, ob sie ihre Maschine erschwerten Bedingungen aussetzen und die höher beanspruchten Baugruppen deshalb vorzeitig überprüfen.
Auch bei Wartungsarbeiten gilt: Ohne gutes Werkzeug in den benötigten Grössen fängt man mit dem Schrauben gar nicht erst an. Arbeiten an der hydraulischen Scheibenbremse sollten allerdings aus Sicherheitsgründen nur bei entsprechenden Vorkenntnissen selbst durchgeführt werden, ansonsten ist das Motorrad in einer Fachwerkstatt besser aufgehoben.

3.1 Wartungsintervalle

Die Wartungsintervalle müssen bei normaler Fahrweise nicht sklavisch eingehalten werden. Während einer Urlaubsfahrt kann die fällige Inspektion auch einmal um 500 Kilometer hinausgeschoben werden.

● Bilder 1 und 2 zeigen Seitenansichten des Drillings, die letzte Unklarheiten darüber ausräumen, wo sich was befindet.

Wartungs- und Inspektionsplan Antriebsstrang

	Inspektion bei 1000 km	Pflegedienst bei 7500 km und allen weiteren 15 000 km	Inspektion bei 15 000 km und allen weiteren 15 000 km
Motoröl im betriebswarmen Zustand wechseln Ölfilterpatrone erneuern	×	×[1]	×[1]
Öl im Schaltgetriebe und Hinterradantrieb wechseln im betriebswarmen Zustand	×		×[2]
Induktivgeber am Hinterradantrieb reinigen	×		×
Zündkerzen-Elektrodenabstand prüfen		×	
Zündkerzen erneuern			×
Kupplungs-Seilzugnippel oben und unten fetten		×	×
Kupplungsspiel prüfen, ggf. einstellen	×		×
Ventilspiel prüfen, ggf. einstellen bei max. 35° C	×	×	×
Ansaugluftfilter erneuern			×[3]
Seilzugspiele von Gasbetätigung und Startdrehzahlanhebung (Choke) prüfen, ggf. erneuern	×		×
Leerlaufdrehzahl prüfen, ggf. einstellen	×		×

Fahrgestell

	Inspektion bei 1000 km	Pflegedienst bei 7500 km und allen weiteren 15 000 km	Inspektion bei 15 000 km und allen weiteren 15 000 km
Öl in der Teleskopgabel wechseln	×		×
Lenkungslagerspiel prüfen, ggf. einstellen			×
Kraftstoffilter erneuern			×[4]
Bremsbeläge und Scheiben auf Verschleiss prüfen, ggf. erneuern			×
Bremsflüssigkeit wechseln	×		×
Säurestand der Batterie prüfen, ggf. destilliertes Wasser nachfüllen, Batteriepole reinigen und fetten			×
Schlauchverbindungen an Kraftstoff- und Kühlsystem auf Dichtheit prüfen, Schlauchschellen nachziehen. Kühlmittelkonzentration prüfen, ggf. nachfüllen. Kühlmittel spätestens alle zwei Jahre wechseln	×		×
Leerweg von Fussbremshebel prüfen, ggf. einstellen (Trommelbremse)			×
Schrauben und Muttern nachziehen	×		×
Endkontrolle mit Prüfung auf Verkehrs-/Funktionssicherheit	×	×	×

Empfehlung: Bei extremen Einsatzbedingungen Gasdrehgriff und Lenkungslager spätestens alle 30 000 km neu fetten

[1] zumindest alle 6 Monate, bei ausschliesslichem Kurzstreckenbetrieb oder Aussentemperaturen unter 0° C alle 3 Monate, spätestens alle 3000 km
[2] zumindest einmal im Jahr
[3] bei starkem Schmutz- und Staubanfall Ansaugluftfilter alle 7500 km erneuern, ggf. öfters
[4] im Regelfall alle 30 000 km, bei ungünstigen Kraftstoffverhältnissen alle 15 000 km

3.2 Sitzbank-, Seitenteile- und Tank-Demontage

● ⚠ Ausbau dieser Teile ist nicht grundsätzliche Voraussetzung zu jeder Wartungsarbeit. Die betreffenden Abschnitte enthalten einen Verweis auf dieses Kapitel.

● Seitenteil nach unten drücken (Bild 3) und aus Tankfalz ausklinken; nach vorn aus hinterer Stifthalterung entnehmen.

● Sitzbank nach oben klappen. Federklammer aus Gelenkstrebe (Bild 4) und Scharnierbolzen (Bild 5) bzw. Scharnierzapfen (Bild 6) herauszie-

Bild 1
Seitenansicht von rechts
1 Kurbelwellendeckel
2 Kühlmittel-/Ölpumpendeckel
3 Ölstand-Schauglas
4 Kupplung
5 Getriebe
6 Kühlmittel-Ausgleichsbehälter
7 Luftfilter
8 Thermostat

Bild 2
Seitenansicht von links
1 Kühler
2 Zylinderkopfdeckel
3 Ölfilterdeckel
4 Mehrfachstecker des Einspritzsteuergeräts
5 Sicherungen

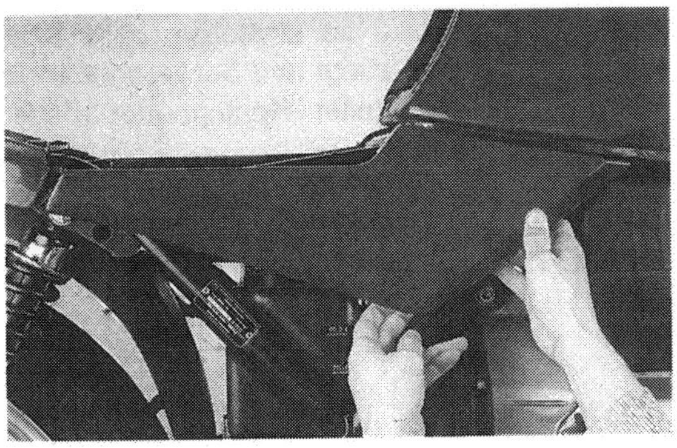

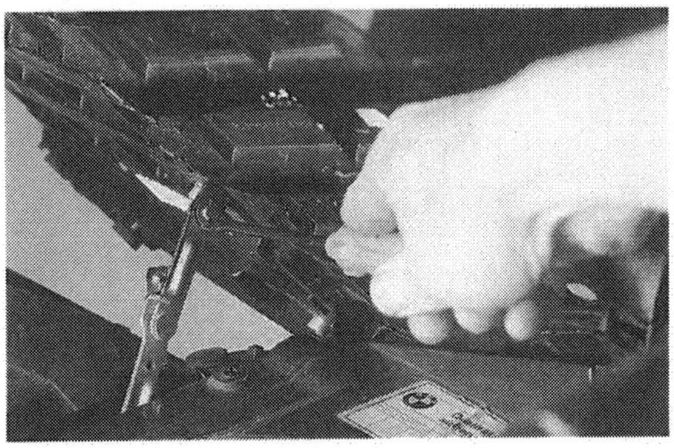

◄ **Bild 3**
Seitenteil abnehmen

Bild 4
Federklammer aus Gelenkstrebe herausziehen

hen. Bolzen aus Scharnier herausziehen und Sitzbank nach vorn abnehmen.

● Ablageschale etwas anheben und nach hinten ziehen.

● Stecker für Kraftstoffpumpe und Kraftstoffstandgeber aus Halterung nehmen (Bild 7) und Leitung nach oben herausziehen.

● Kühler-Verkleidungsniere und je nach Ausführung Verkleidung abnehmen (siehe Kabel, Seilzüge und Verkleidung Seite 77). Verkleidungsniere vorsichtig etwas nach vorn ziehen, absenken

Bild 5
Federklammer aus Scharnierbolzen herausziehen

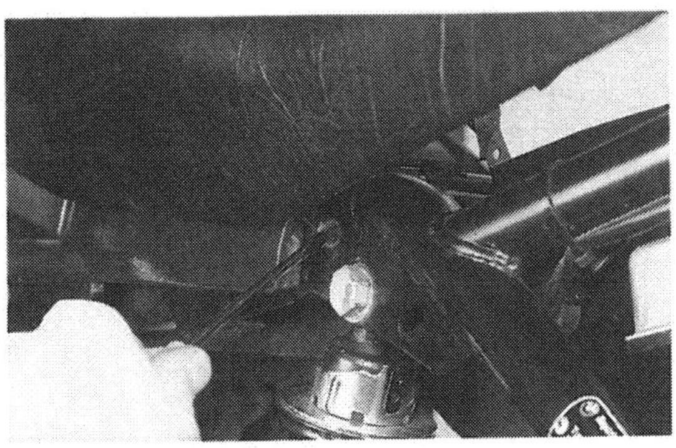

◄ **Bild 6**
Federklammer aus Scharnierzapfen herausziehen

Bild 7
Stecker aus Halterung nehmen und ausstecken

Bild 8
Kraftstoffschläuche
1 Druckleitung
2 Rücklaufleitung

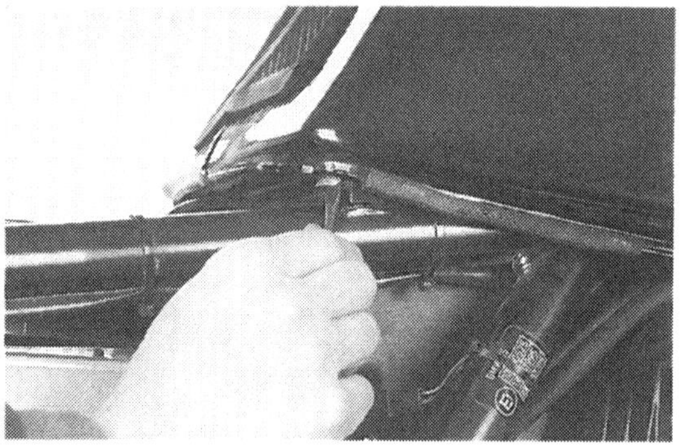

Bild 9
Federklammern links und rechts am Tank herausziehen

und dann seitlich herausbugsieren.

- Lappen zum Auffangen von Leckkraftstoff auf Einspritzleiste legen, da aus Druckleitung ① Bild 8 etwas Kraftstoff austritt. Druckleitung an Einspritzleiste abnehmen, Rücklaufleitung ② an Tank.
- Federklammern links und rechts am Tank herausziehen (Bild 9).
- Tank am hinteren Ende vorsichtig aus Gummimuffen hebeln.
- Bei K 75 S Tank vorn anheben bis Schelle des Kraftstoff-Rückführschlauchs zugänglich ist. Schelle lösen und Schlauch abziehen.
- TIP Um Lackschäden zu vermeiden, Kunststoffschlauch über Schraubendreherschaft ziehen.
- Tank abnehmen.
- Einbau (Bild 10a) erfolgt in umgekehrter Reihenfolge. Dabei hintere Gummimuffen der Tankbefestigung anfeuchten oder mit Reifenmontage-Paste bestreichen.
- Einbau der Sitzbank erfolgt in umgekehrter Reihenfolge wie Ausbau. Zum Einstellen des Sitzbankschlosses Kontermutter lockern (Bild 10b). Schliessbolzen so einstellen, dass Sitzbank am Rahmen aufliegt und Schliessbolzen in Sitzbankschloss einrastet. Kontermutter wieder festziehen.

Weitere Ausbauarbeiten sind in Kapitel 4 Einspritzanlage/Kraftstoffsystem (Pumpe) und 3.3 (Filter) behandelt.

3.3 Kraftstoff-Filter

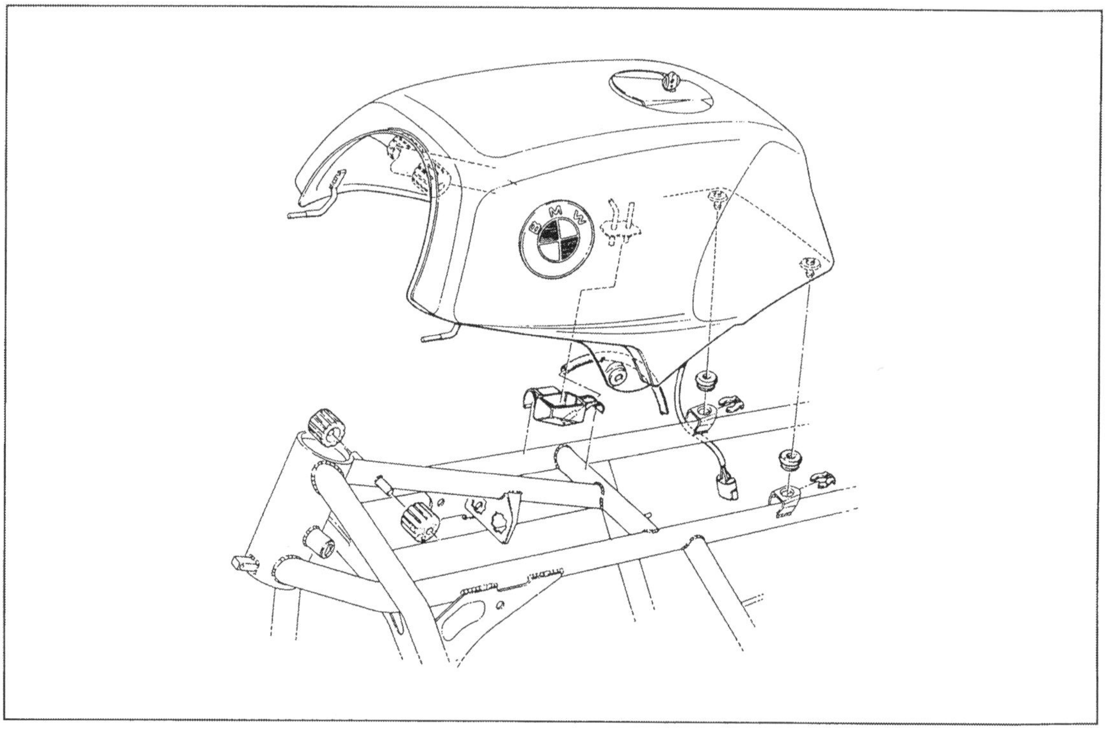

Bild 10 a
Aus- und Einbau des Kraftstofftanks

Wenn die brave K 75 plötzlich unsauber am Gas hängt oder bei höheren Drehzahlen aussetzt, kann das am zugesetzten Kraftstoff-Filter liegen. Im Tankinneren abgeplatzte Lackpartikelchen oder Verunreinigungen im Sprit sammeln sich im feinen Geflecht. Im Regelfall Filter alle 30 000 km wechseln; unter ungünstigen Kraftstoffverhältnissen alle 15 000 km wechseln.

- Tank entleeren.
- Befestigungsschrauben des Einfüllstutzens (Bild 11) lösen und Stutzen herausnehmen.
- Im Tankinneren Schlauchschelle an Druckleitung lösen.
- Filterelement mit Druckleitung aus Einfüllstutzen herausnehmen und Filter von Schlauch abnehmen. Beim Einbau Hinweis auf Einbaurichtung auf Filtergehäuse beachten.

Bild 10 b
Sitzbankschloss einstellen

Bild 11
Befestigungsschrauben des Einfüllstutzens lösen

3.4 Kraftstoff-Leitungen

Kraftstoffschläuche haben die unangenehme Eigenschaft, im Laufe der Zeit zu verhärten und dann einzureissen. Die Schläuche lassen sich jedoch bei gelegentlicher Tankdemontage und zum Teil auch von aussen auf Beschädigung oder Undichtheit kontrollieren.

- TIP Im Zweifelsfall einen angefressenen Schlauch lieber auswechseln, denn das Gummiröhrchen platzt garantiert während der nächsten Nachtfahrt auf der Autobahn.

Bild 12
Ansaugluftschacht abnehmen

3.5 Luftfilter

Die Luftfiltererneuerung steht laut Wartungsplan alle 15 000 Kilometer an.

- Ansaugluftschacht abnehmen (Bild 12).
- Drei Federlaschen (Bild 13; zwei hinten, eine vorn) am Luftfiltergehäuse lösen. Vordere Lasche von unten nach oben öffnen.
- Luftfiltergehäuse-Oberteil an Luftleitung anheben und zum Sammler hindrücken.
- Filterelement entnehmen (Bild 14 a).
- Neues Filterelement in umgekehrter Reihenfolge montieren (OBEN-Markierung beachten).
- Unteres Mundstück des Ansaugluftschachts (Bild 12) zur leichteren Montage leicht einfetten.

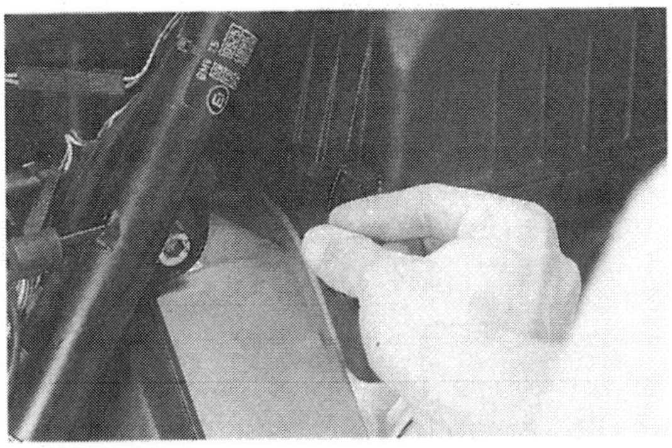

Bild 13
Federlaschen lösen

Bild 14 a
Luftfilterelement entnehmen

3.6 Ventilspiel

Ein gewisses Spiel zwischen Nocken und Tas-

Bild 14b
Befestigungsschrauben des Zylinderkopfdeckels ausdrehen

Bild 15a
Feder beachten

Bild 15 b
Ventilspiel mit Fühlerlehre messen

Bild 16
Tassenstössel drehen, bis Nut ca. 45° nach innen zeigt

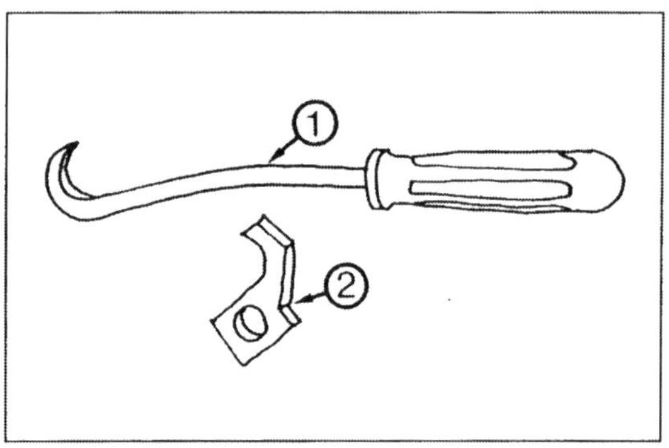

Bild 17
Spezialwerkzeug zur Einstellung des Ventilspiels
1 Niederhalter
2 Distanzstück

senstössel ist nötig, damit die Ventile den Brennraum bei allen Betriebstemperaturen dicht abschliessen. Das Ventilspiel wird mittels unterschiedlich dicker Einstellplättchen zwischen Nocken und Tassenstössel eingestellt. Zum Wechseln der Einstellplättchen wird Spezialwerkzeug benötigt.

● ⚠ Ventilspiel bei kaltem Motor (unter 35°C/handwarm) kontrollieren und einstellen!

● Ölauffanggefäss für Lecköl unter Zylinderkopfdeckel bereitstellen. Befestigungsschrauben des Zylinderkopfdeckels ausdrehen (Bild 14b) und Deckel abnehmen. Position der Feder beachten (Bild 15a).

● Zündkerzen herausschrauben und 5. Gang einlegen.

● Kolben des zu bearbeitenden Zylinders durch Drehen des Hinterrads auf Kompressions-OT stellen.

● ⚠ Kolben steht nur jede zweite Umdrehung im Kompressions-OT!

● ⚠ Kolben steht im Verbrennungs- oder Kompressions-OT, wenn an **beiden** Ventilen Spiel spürbar ist (Nocken stehen sich gegenüber und weisen leicht nach oben – weg vom Tassenstössel).

● Mit Fühlerlehre Spiel zwischen Nocken und Tassenstössel (Bild 15b).

Sollwert:
Einlass: 0,15 bis 0,20 mm
Auslass: 0,25 bis 0,30 mm

● Falls Ventilspiel nicht korrekt, d. h. kein fester Schiebesitz spürbar, tatsächliches Ventilspiel bestimmen und mittels entsprechend dickerem oder dünnerem Einstellplättchen Spiel auf Sollwert bringen.

● Bei zu geringem Ventilspiel entsprechend dünneres Plättchen, bei zu grossem Ventilspiel entsprechend dickeres Plättchen verwenden.

● Plättchen-Dicke nach folgendem Beispiel ermitteln:
Gemessenes Ventilspiel: 0,10 mm
Stärke von alter Distanzscheibe: 2,85 mm
Korrektes Ventilspiel: 0,15 bis 0,20 mm
Stärke a der neuen Distanzscheibe:
a = (0,10−0,15)+2,85
a = 2,80

● Blättchen sind von 2,00 bis 3,20 mm in 0,05-mm-Abstufung erhältlich.

● Überschreitet erforderliche Stärke von Distanzscheibe 3,20 mm, haben sich am Ventilsitz wahrscheinlich starke Verbrennungsrückstände gebildet.
→ Ventilsitz nachschleifen (vgl. Kapitel 6.2), Ventilspiel nochmals messen und neue Distanzscheibe wählen.

● TIP Einwandfreie Blättchen sind in der Regel bei der BMW-Werkstatt Ihres Vertrauens im Tausch erhältlich (im Verkauf etwa DM 8,–/Ex.).

Plättchen ausbauen:

● Kurbelwelle drehen bis Nocken des zu bearbeitenden Ventils vom Tassenstössel weg weist.

● Tassenstössel drehen, bis Nut ca. 45° nach innen zeigt (Bild 16).

● Mit Niederhalter (BMW-Spezialwerkzeug, früher z. B. bei Detlev Louis erhältlich, heute bei Fa. Cartool, Ingolstadt) Tassenstössel nach unten drücken ① Bild 17.

● ⚠ Niederhalter so ansetzen und nach aussen drücken, dass er auf Einstellplättchen drückt und nicht einseitig auf Tassenstössel (damit dieser nicht verkantet).

● Distanzstück ② Bild 17 am Rand des Tassenstössels ansetzen (Einstellplättchen lässt sich bewegen) und Niederhalter entfernen.

● Plättchen mit passendem Zängchen oder Magnetheber entnehmen.

● Dicke der Plättchen mit Mikrometer kontrollieren.

● Gleitflächen von neuem Plättchen und Tassenstössel mit MoS_2-Fett oder ähnlichem Fettprodukt dünn balsamieren und Plättchen einlegen.

● Mit Niederhalter Tassenstössel eindrücken und Distanzstück entnehmen.

● Sind alle Ventile kontrolliert und eingestellt, Kurbelwelle zwei Mal um 360 Grad drehen und Spiel nochmals prüfen.

● Dichtung des Zylinderkopfdeckels vor Einbau auf Beschädigung überprüfen, gegebenenfalls auswechseln.

● Zylinderkopfdeckel mit fett- und ölfreien Dichtflächen montieren ($6 \pm 0,7$ Nm).

● Zündkerzen eindrehen (Gewinde trocken, 20 Nm) und Zündkerzendeckel anbringen.

● ⚠ Nach jeder Veränderung des Ventilspiels müssen Drosselklappen auf Gleichlauf kontrolliert werden (Kapitel 3.10).

3.7 Kompression

Der Kompressionsdruck lässt Rückschlüsse auf das Innenleben des Zylinders zu. Ob eine Motorrevision droht, kann häufig anhand einer Kompressionsdruckprüfung festgestellt werden.

● Kompression bei korrektem Ventilspiel und normaler Betriebstemperatur messen.

● Zündkerzen herausschrauben und Kompressionsmessgerät anschliessen.

● Gasgriff voll öffnen und Motor mit Starter durchdrehen, bis Anzeige des Kompressionsmessers nicht mehr weiter steigt (normalerweise nach ca. 10 Sekunden).

● Kompressionsdruck gilt als

gut bei über 10 kg/cm²
normal bei 8,5 bis 10 kg/cm²
schlecht bei unter 8,5 kg/cm²

Zu geringer Druck deutet auf undichte Ventile, zu enges Ventilspiel, undichte Zylinderkopfdichtung, verschlissene Kolben, Kolbenringe oder Zylinder. Zu hohe Kompression wird meist von Ölkohleablagerungen im Brennraum verursacht.

● TIP Um bei zu niedriger Kompression die Fehlerquelle einzukreisen:

● Öl durch Kerzenloch des betreffenden Zylinders möglichst gleichmässig auf Zylinderwand spritzen.

● Kompri-Test wiederholen.

● Erhöhte Werte lassen auf verschlissene Kolben, -Ringe oder Zylinderlaufbahn schliessen.

● Gleichbleibender Wert lassen auf verschlissenen Zylinderkopf (Ventil, -sitz und -führungen) schliessen. Werkstatterfahrung lässt es wahrscheinlicher erscheinen, dass letzterer Fall zuerst eintritt. Und zwar in der Regel (wenn man dafür überhaupt eine Regel aufstellen kann) nach einer Laufleistung von weit über 50000 km, wobei sie dann natürlich nicht schlagartig ihren Dienst einstellen, sondern lediglich die Verschleissgrenzen für Ventilsitzbreite und Ventilführungsspiel erreichen, aber auch mit deutlichen Rauchzeichen auf ihren Zustand aufmerksam machen.

3.8 Zündkerzen

Die drei Funkenspender unterziehen sich alle 7500 km einer Inspektion und werden alle 15000 km erneuert.

Um das Kerzenbild aussagefähig beurteilen zu können:

● Motor 10 km im mittleren Drehzahlbereich warmfahren.

● Motor schon beim Ausrollen des Motorrads abschalten.

● ⚠ Längeres Laufen des Motors im Standgas vor Abstellen des Motors macht eine richtige Kerzenbild-Beurteilung unmöglich (→ Kerze russt ein)!

● Drei Befestigungsschrauben der Zündkerzenabdeckung lösen (Bild 18 a). Kerzenstecker abziehen und Zündkerze mit Zündkerzenschlüssel herausdrehen.

● ⚠ Kerzenbild sollte einen rehbraunen Farbton zeigen, bei weissem bis aschgrauem Bild ist Kraftstoffluftgemisch zu mager, der Motor läuft zu heiss. Bei dunkelbraunem bis schwarzem Kerzenbild ist das Gemisch zu fett (was auch vom zugesetzten Luftfilter herrühren kann).

Schwarz verrusste, feuchtglänzende Kerzen deuten auf verschlissene Ventilführungen oder abgenutzte Kolbenringe, durch die Öl in den Verbrennungsraum gelangen kann.

● Mit Messingdrahtbürste Kerze reinigen und Isolator auf Risse oder Absplitterungen untersuchen. Dichtring muss einwandfreie Planflächen aufweisen, bei Beschädigungen Dichtring erneuern.

● Elektrodenabstand mit Fühlerlehre messen, Sollwert: 0,6 bis 0,7 mm; Verschleissgrenze: 0,9 mm (Bild 18 b).

●⚠ Elektrode nicht nachbiegen, Bruchgefahr im Betrieb!

Bild 18 a
Schrauben der Zündkerzenblende lösen

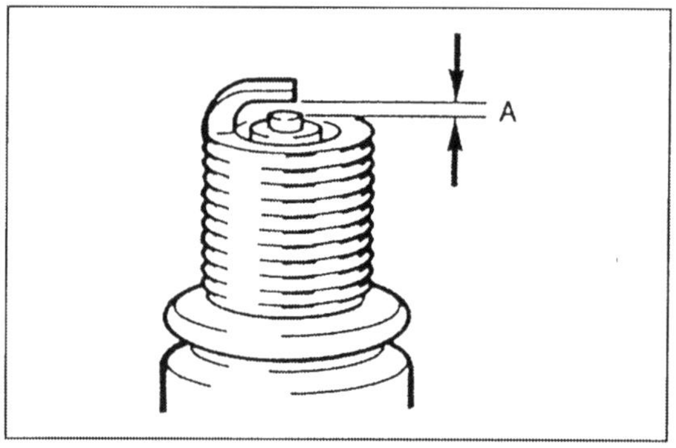

Bild 18 b
Elektrodenabstand der Zündkerze mit Fühlerlehre messen

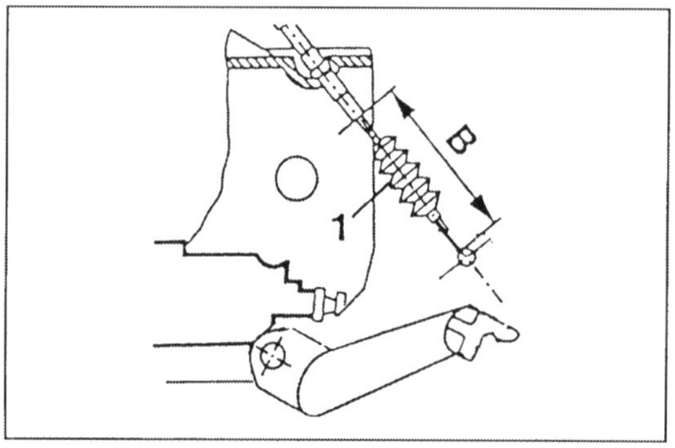

Bild 19
Kupplungsspiel einstellen
1 Gummitülle
B 75 ± 1 mm

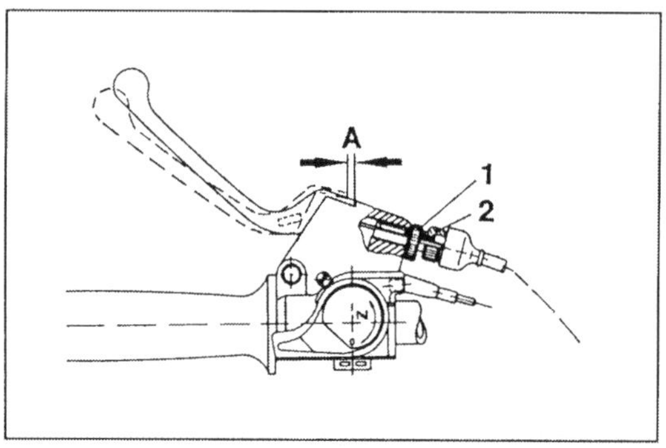

Bild 20
Oberer Kupplungszug-Einsteller
1 Gegenmutter
2 Stellschraube
A 2+0,5 mm

Standardzündkerze:
Bosch X 5 DC
Beru 12–5 DU

●⚠ Zündkerze gefühlvoll von Hand einschrauben, unbedingt darauf achten, dass schon der erste Gewindegang richtig greift. Eine schräg angesetzte Kerze ruiniert mit ihrem harten Stahlgewinde das weiche Gewinde im Aluminium-Zylinderkopf schon nach einer halben Umdrehung.

● Erst bei richtigem Sitz Kerze mit Kerzenschlüssel anziehen (20 ± 2 Nm). Alte Kerze (alter Dichtring) nach Aufsitzen ¼ Umdrehung anziehen. Neue Kerze (neuer Dichtring) nach Aufsitzen ½ Umdrehung anziehen. Kerzenstecker wieder aufsetzen und Abdeckung anbringen.

3.9 Kupplung

Um zu verhindern, dass die Kupplung ungewollt bei Belastung durchrutscht und leichtgängig zu betätigen ist, muss ausreichend Spiel im Seilzug vorhanden sein und die Grundstellung kontrolliert werden.

● Seilzug am Kupplungs-Ausrückhebel am Getriebe aushängen (Hebel eindrücken und Nippel herausführen).

● Gummitülle ① Bild 19 etwas zurückschieben und Mass B 75 ± 1 mm an Stellschraube ② Bild 20 (nach Lösen der Gegenmutter ①) am Handhebel einstellen.

● Kupplungsseilzug wieder einhängen.

● Gegenmutter ① Bild 20 anziehen.

● An getriebeseitiger Stellschraube ① Bild 108 Seite 53 am Ausrückhebel Gegenmutter lösen und Stellschraube drehen, bis Spiel A am Handhebel 2 + 0,5 mm beträgt.

● Gegenmutter wieder anziehen.

●⚠ Nachstellung durch Verschleiss nur an Einstellschraube am Ausrückhebel vornehmen.

3.10 Drosselklappen-Betätigung und -Abgleich

Für optimale Leistungsfähigkeit des Triples ist es unumgänglich, dass die Drosselklappen absolut synchron arbeiten. Schon die geringsten Unterschiede bewirken, dass der besser gefütterte Zylinder den benachteiligten «mitschleppen» muss.

● Maschine auf Hauptständer stellen und Getriebe auf Leerlauf schalten.

Gasbetätigung

● Seilzugspiel von 1 mm an Stellschraube des

Gasdrehgriffs bei Rechtseinschlag einstellen (Bild 21 a).

● ⚠ Bei Drehbeginn am Drehgriff muss Klicken am Drosselklappenschalter hörbar sein.

Startdrehzahlanhebung

● Spaltmass der Leerlaufanschlagschraube für Chokehebel-Stellung 1 an Rändelschraube ① Bild 21 b, für Stellung 2 an Anschlagschraube ② einstellen (Mass Stellung 1: 1,5 mm; Stellung 2: 3,5 mm).

Leerläufdrehzahl prüfen und einstellen

● ⚠ Abgleich-Einstellung erfolgt bei betriebswarmem Motor (85° C) und korrekt eingestelltem Ventilspiel.

● ⚠ In geschlossenen Räumen für ausreichende Belüftung sorgen! Abgase enthalten giftiges geruchloses Kohlenmonoxid, das Bewusstlosigkeit verursachen und zum Tod führen kann.

● Verschluss-Stopfen ① Bild 22 der Unterdruckanschlüsse sowie Unterdruck-Leitung vom Druckregler abziehen.

● Unterdruck-Messuhren gegebenenfalls mit Adapter anschliessen. Unterdruckleitung ⑦ Bild 22 vom Unterdruckregler mit T-Stück mit Unterdruckleitung der Messuhr für Zylinder 3 (hinterer) verbinden.

● Motor starten und mit Standgas laufen lassen.

● Gleichlauf der Drosselklappen an Unterdruck-Messuhren kontrollieren.

● Durch Drehen der Abgleichschrauben ② Bild 22 nach rechts oder links (ausprobieren) Gleichlauf der einzelnen Zylinder einstellen, d. h. Unterdruck-Messuhren zeigen gleichen Wert an.

Leerlaufdrehzahl

● Leerlaufdrehzahl durch Ein- oder Ausdrehen

Bild 21 a
Seilzugspiel einstellen

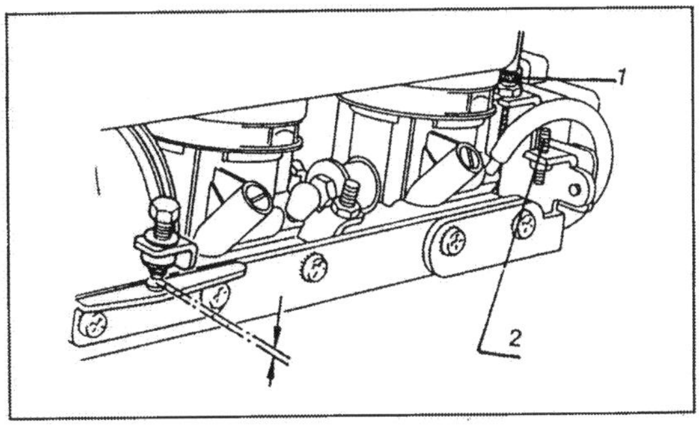

Bild 21 b
Spaltmass der Leerlauf-Anschlagschraube einstellen
1 Rändelmutter
2 Anschlagschraube

der Einstellschraube ③ Bild 22 auf 950 ± 50/min einregulieren.

● ⚠ Bei Drehbeginn am Drehgriff muss Klicken am Drosselklappenschalter hörbar sein, andernfalls ist Einstellschraube zu weit eingedreht.

3.11 Motoröl und -Filter

Das Öl ist sozusagen der Lebenssaft für jedes

Bild 22
Drosselklappen-Abgleich/Einstellung
1 Verschluss-Stopfen der Unterdruck-Anschlüsse
2 Abgleichschrauben
3 Leerlaufdrehzahl-Einstellschraube
4 Druckleitung
5 Einspritzleiste
6 Befestigungsschrauben
7 Unterdruckschlauch zum Druckregler
8 Drosselklappenschalter

Triebwerk. Klar, dass da der Pegelstand regelmässig kontrolliert wird (Motor auf Betriebstemperatur; Ölstand muss bis Mitte des Ölstand-Schauglases reichen; Bild 23). Ein Ölverbrauch von 0,15 l/1000 km wird als normal angesehen. Alle 7500 km bedarf das Öl einer Erneuerung, mindestens aber alle sechs Monate; bei ausschliesslichem Kurzstreckenbetrieb oder bei Temperaturen unter 0° C alle 3000 km oder 3 Monate.
Das Ölfilter hat die Aufgabe, kleinste Partikelchen

Bild 23
Ölstand-Schauglas

Bild 24
Ölablass-Schraube ausdrehen

Bild 25 a
Ölfilter-Deckelschrauben lösen

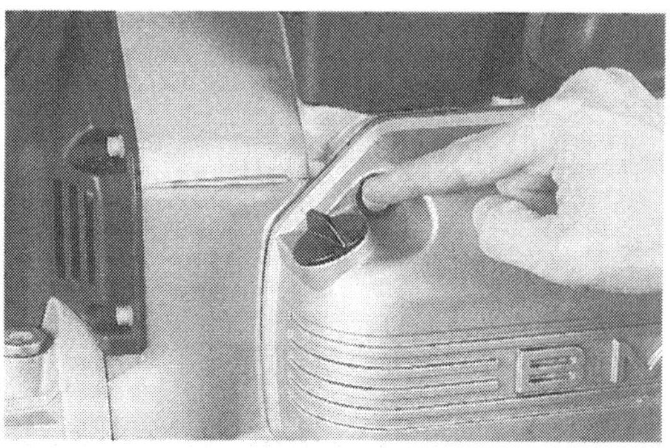

Bild 25 b
Einfüllstopfen eindrehen

aus dem Motoröl herauszufiltern. Sobald der Motor läuft, befindet sich das Öl in dauerndem Kreislauf vom Ölsumpf zum Motor und seinen Schmierstellen und tropft dort ab in den Ölsumpf, um wieder durch das Filter zu den Schmierstellen gedrückt zu werden.

- ● ⚠ Ölfilter deshalb bei jedem Ölwechsel erneuern.
- ● TIP Motor- und Getriebeöl bei betriebswarmer Maschine ablassen, damit sich die Metallabriebsteilchen noch in der Schwebe befinden und sich noch nicht gesetzt haben.
- ● Motorrad auf Hauptständer stellen und geeignetes Auffanggefäss (ca. vier Liter Fassungsvermögen) unterschieben, Ölablass-Schraube (Bild 24) ausdrehen.
- ● ⚠ Finger nicht am heissen Öl verbrühen! Öl läuft erst im Schuss, nach einiger Zeit nur noch tröpfchenweise. Geduldig warten, bis der letzte Tropfen den Weg ins Auffanggefäss gefunden hat.
- ● TIP Ablass-Schrauben sind mit einem Alu- oder Kupferdichtring versehen, der bei mindestens jedem zweiten Ölwechsel erneuert wird.
- ● Ablass-Schraube eindrehen (18 ± 2 Nm).
- ● Auffangwanne unter Ölfilter stellen.
- ● Ölfilter-Deckel Bild 25 a nach Lösen von drei Befestigungsschrauben abnehmen.
- ● Filter mir BMW-Ölfilterschlüssel ausdrehen und Öl geduldig austropfen lassen.
- ● Neue Filterpatrone (Dichtring geölt) handfest einschrauben.
- ● Ölfilter-Deckel mit einwandfreier Dichtung montieren (6 ± 1 Nm).
- ● 3,75 Liter Motoröl SAE 20 W 40 oder 50 einfüllen und Einfüllstopfen eindrehen (Bild 25 b).
- ● Motor kurz laufen lassen.
- ● Nach etwa fünf Minuten Ölstand am Schauglas kontrollieren. Öl soll an oberer Pegelmarke (MAX) stehen.
- ● TIP Ölmenge zwischen MIN- und MAX-Markierung entspricht 0,6 Liter.
- ● ⚠ Motoröl nie über MAX auffüllen!
- ● ⚠ Altöl nicht «weggiessen» (!), sondern an einer Sammelstelle (in jeder grösseren Stadt zu finden) oder Tankstelle abliefern!
- ● ⚠ Jeder Ölverkäufer ist zur Zurücknahme von Altöl verpflichtet!

3.12 Getriebeöl

Alle 15 000 Kilometer, mindestens aber einmal im Jahr, wird das Getriebeöl gewechselt, alle 7500 km kontrolliert.

- ● ⚠ Getriebeöl wie Motoröl im betriebswarmen Zustand wechseln.

- Zur Ölstandkontrolle Einfüllschraube ausdrehen (Bild 26): Öl muss bis zur Strichmarkierung des Hakenschlüssels aus Bordwerkzeug reichen (Bild 27). Dabei muss Hakenschlüssel auf Dichtfläche aufsitzen.
- Zum Ölwechsel geeignetes Auffanggefäss unter Ölablass stellen und Ablass-Schraube ausdrehen (Bild 28).
- Einfüllschraube ausdrehen. Öl austropfen lassen und Ablass-Schraube mit neuer Dichtscheibe eindrehen (20 ± 3 Nm).
- Frisches Getriebeöl (0,85 Liter Marken-Hypoid-Getriebeöl GL 5 SAE 80 W 90) entsprechend Technischen Daten, Seite 86, bis zur Strichmarkierung auf Hakenschlüssel einfüllen (Bild 27).
- Öleinfüll-Schraube eindrehen (20 ± 3 Nm).

Bild 26
Getriebeöl-Einfüllschraube

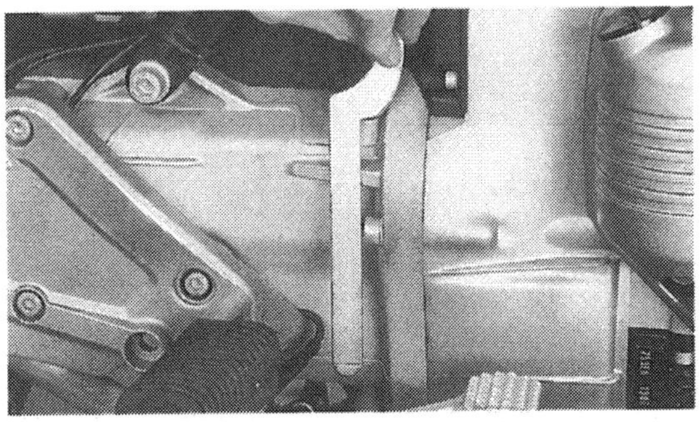

Bild 27
Getriebe-Ölstand kontrollieren

3.13 Endantriebsöl

Alle 15000 km, mindestens aber einmal im Jahr Öl im Endantrieb wechseln.

- ⚠ Endantriebsöl nur bei betriebswarmem Endantrieb wechseln.
- Zum Ölwechsel geeignetes Auffanggefäss (ca. 0,5 Liter) bereitstellen und Ablass-Schraube ⑤ Bild 29 ausdrehen.
- Auf Eisenspäne an Magnetfläche der Ablass-Schraube achten, gegebenenfalls säubern!
- Öleinfüll-Schraube ③ Bild 29 ausdrehen.
- Ablass-Schraube mit neuer Dichtscheibe montieren (25 ± 3 Nm) und 260 cm^3 Hypoid-Getriebeöl SAE 80 bis zum unteren Gewinderand der Einfüllöffnung auffüllen.
- Öleinfüll-Schraube mit neuem Dichtring montieren (20 ± 2 Nm).

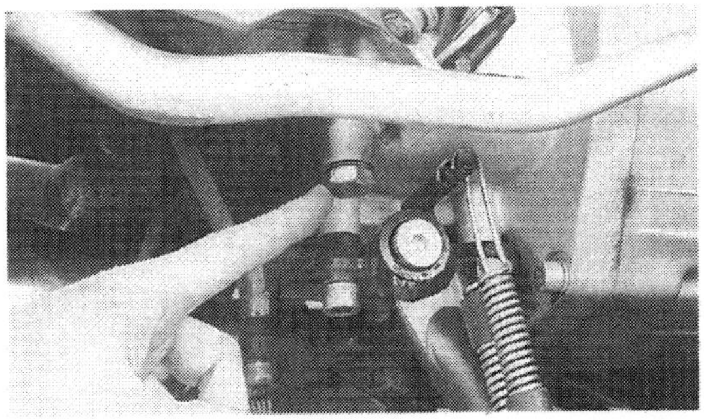

Bild 28
Getriebeöl-Ablass-Schraube

3.14 Induktivgeber reinigen

- Befestigungsschraube des Gebers ② Bild 29 (für Tachometer) ausdrehen und Geber herausziehen, gegebenenfalls vorsichtig mit Schraubendreher heraushebeln.
- Geber mit Lappen säubern und wieder einsetzen. Befestigungsschraube eindrehen (2,5 Nm).

Bild 29
Endantrieb
1 Entlüftung
2 Induktivgeber
3 Öleinfüll-Schraube
4 Verschleiss-Anzeige
5 Ölablass-Schraube
6 Flügelmutter

3.15 Bremsbeläge hinten und Pedaleinstellung

In Notsituationen ist es äusserst wichtig, dass die Bremswirkung sofort ohne Verzögerung eintritt.

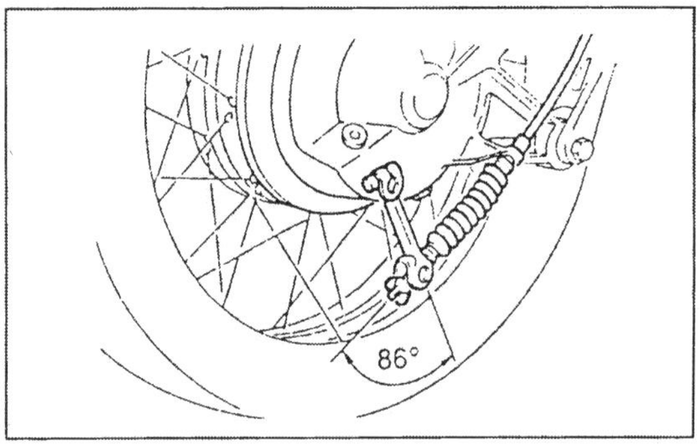

Bild 30
Winkel darf 90° nicht überschreiten

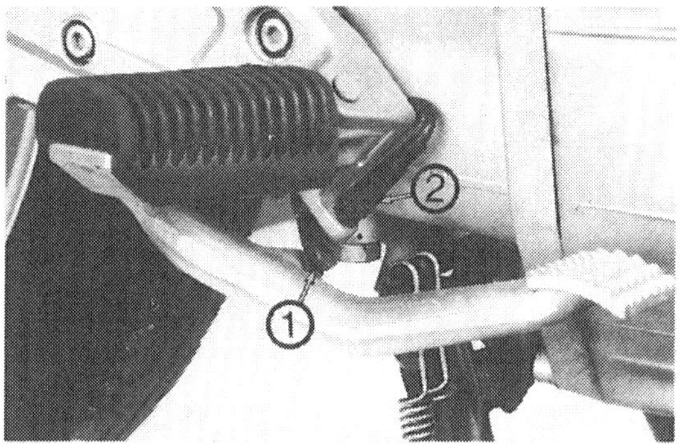

Bild 31
Bremspedal
1 Einstellschraube
2 Bremslicht-Schalter

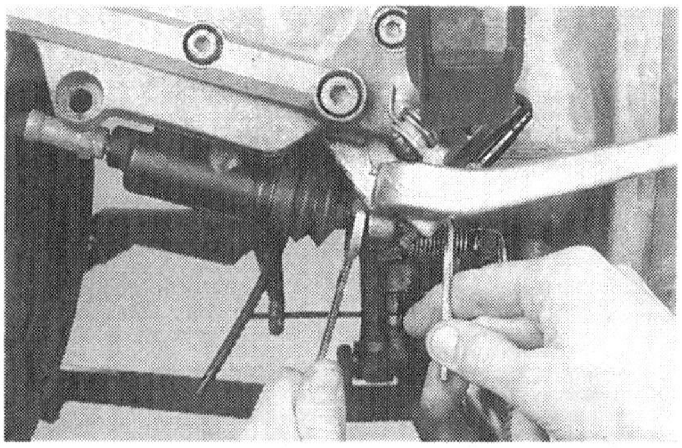

Bild 32
Pedallage einstellen

Bild 33
Bremsflüssigkeits-Behälter vorn

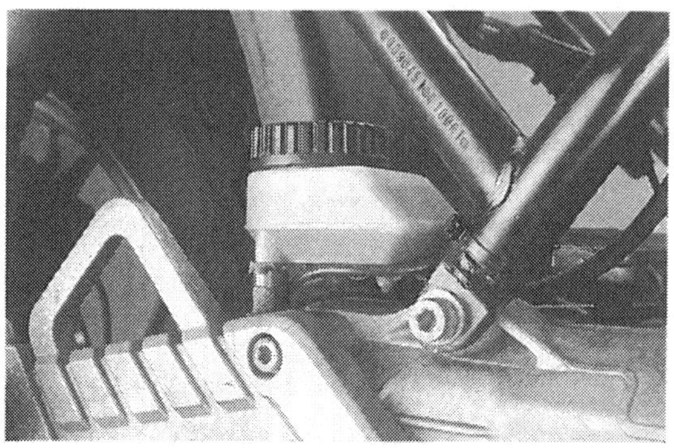

Bild 34
Bremsflüssigkeits-Behälter hinten

Deshalb geniesst auch die bei Notbremsungen wichtige Fussbremse unsere besondere Aufmerksamkeit.

Trommelbremse:

● TIP Verschleiss-Anzeige am Hinterrad-Antrieb kontrollieren.

● Weist Anzeigepfeil ④ Bild 29 beim Nachstellen des Leerwegs mittels Flügelmutter ⑥ Bild 29 auf MIN-Markierung am Winkeltrieb, Bremsbeläge erneuern (Mindestbelagstärke: 1,5 mm).

Leerweg einstellen

● Leerweg zwischen Ruhelage des Hebels und Bremsdruckpunkt (Anliegen der Bremsbacken) messen. Sollmass: 25 mm.

● Leerweg mittels Flügelmutter einstellen (Bild 29).

● Auf richtige Montage des Bremshebels an Bremsnocke achten: Winkel Bremshebel/Seilzug darf 90° nicht überschreiten (Bild 30).

● Belagwechsel siehe Kapitel 16.1.

● Pedallage an Einstellschraube ① Bild 31 nach Lösen der Gegenmutter vornehmen.

Scheibenbremse:

● Abdeckhaube aushebeln und Belagstärke sichtprüfen (Mindestbelagstärke 1,5 mm).

● Belagwechsel siehe Kapitel 3.17.

Pedallage einstellen

● Gegenmutter an Druckstange lockern und Pedallage an Innensechskantschraube einstellen (Bild 32). Anschliessend Gegenmutter wieder anziehen.

3.16 Bremsflüssigkeit

Mag man einem Motorrad kurzzeitig einen defekten Auspuff oder auch mal ein durchgebranntes Blinkerbirnchen zubilligen – beim Thema Bremsen gibt es keine Kompromisse. Hier muss bei jedem Fahrmeter die hundertprozentige Leistungsfähigkeit sichergestellt sein.
Auf die Wirkung der Bremsanlage des BMW-Drillings kann sich der Motorradfahrer verlassen. Damit das immer so ist, sollten Wartungsarbeiten an der Bremshydraulik nur bei fundierten Vorkenntnissen vorgenommen werden. Beim geringsten Zweifel am eigenen Können ist die Fachwerkstatt die bessere Wahl, was keine Einladung zum lockeren Rumfummeln an Trommelbremsen sein soll.

● Am Bremsflüssigkeits-Behälter Pegelstand kontrollieren, Behälter muss dabei waagerecht stehen (Bilder 33 und 34). Falls sich Pegel «Lower»-Marke nähert, zuerst Belagstärke der Bremsklötze kontrollieren!

● Drei Schrauben am Deckel entfernen und Deckel samt Membran abnehmen (am hinteren

Behälter Deckel nur aufdrehen).

● ⚠ Beim Öffnen des Deckels muss Behälter waagerecht stehen, damit keine Bremsflüssigkeit überschwappt, die sich aggressiv verhält und Lack angreift.

● Pegelstand bis zur UPPER-Markierung auffüllen. Nur Bremsflüssigkeit der Qualität DOT 4 verwenden! Da sich Bremsflüssigkeit hygroskopisch verhält, d. h. Wasser anzieht, muss Behälter immer gut verschlossen sein. Keinesfalls dürfen Verunreinigungen, Schmutz oder Wasser in Behälter gelangen.

● Wenn Flüssigkeitsstand rasch absinkt, komplettes System nach Undichtheiten absuchen.

● ⚠ Einmal jährlich **Bremsflüssigkeit erneuern**.

● Um auch die Bremsflüssigkeit zu wechseln, die sich hinter den Bremskolben befindet, Bremsbeläge ausbauen (siehe folgendes Kapitel), Bremskolben vorsichtig mit Hartholz o. ä. in Sattel eindrücken und arretieren.

● Deckel des Bremsflüssigkeitsbehälters samt Membran entfernen und passenden, durchsichtigen Schlauch, der in Auffanggefäss endet, über Entlüftungsventil am Bremszylinder stülpen, und Entlüftungsventil mit ¼ bis ½ Umdrehung öffnen (Bild 35).

● Pumpbewegungen am Bremshebel fördern Flüssigkeit zum Auffanggefäss.

● TIP Schön langsam pumpen und Hebel zwischendurch immer einige Sekunden in Ruhestellung belassen, um zu gewährleisten, dass sich System luftfrei füllt.

● Währenddessen in Behälter am Lenker zügig Bremsflüssigkeit nachgiessen, damit keine Luftbläschen ins System gelangen können.

Bild 35
Bremse entlüften

● ⚠ Sinkt Pegel unter LOWER kann Luft ins System gepumpt werden.

So wird mit neuer Bremsflüssigkeit die alte weggespült.

● Tritt am Entlüftungsschlauch keine Luft sondern klare, neue Bremsflüssigkeit aus, Bremshebel noch einmal langsam anziehen und gleichzeitig Entlüftungsventil schliessen.

● Vorgang am zweiten Entlüftungsventil wiederholen.

3.17 Bremsbeläge (Scheibenbremse)

Auch die beste Bremse funktioniert nur mit ordentlichen Belägen. Deshalb ist die regelmässige Kontrolle der Belagstärken so wichtig.

● Kontrolle der Belagstärke durch Sichtprüfung von oben in Bremssattelschacht vornehmen. Mindestbelagstärke: 1,5 mm.

Bild 35 a
1 Belagstifte
2 Feder
3 Haltestift

Bremsbeläge ausbauen

● Abdeckkappe mit Schraubendreher vorsichtig vom Bremssattel hebeln.

● Belagstifte ① Bild 35a mit Durchschlag von hinten nach aussen austreiben.

● Feder und Haltestift entnehmen.

● Beläge mit Drahthaken o. ä. nach oben entnehmen.

Bremsbeläge einbauen

● Bremsbelagschacht mit Bremsenreiniger reinigen.

● Mit stumpfen Werkzeug (Hartholz o. ä.) Bremskolben vorsichtig in Sattel-Zylinder zurückdrücken, um Platz zu machen für neue dicke Beläge.

●⚠ Auf keinen Fall mit scharfkantigem Schraubendreher im Bremsbelagschacht herumstochern und Kolbengleitfläche verkratzen!

● Neue Bremsbeläge von oben in Bremssattel einsetzen.

● Vorderen Belagstift mit Feder eintreiben.

● Spannbolzen einsetzen, Feder niederdrücken und hinteren Belagstift eintreiben, bis Feder in Nut des Stifts eingreift. Abdeckhaube aufsetzen.

●⚠ Durch Pumpen am Bremshebel/-Pedal Druck im System aufbauen. Erst wenn Druckpunkt deutlich fühlbar ist, ist Bremse betriebsbereit!

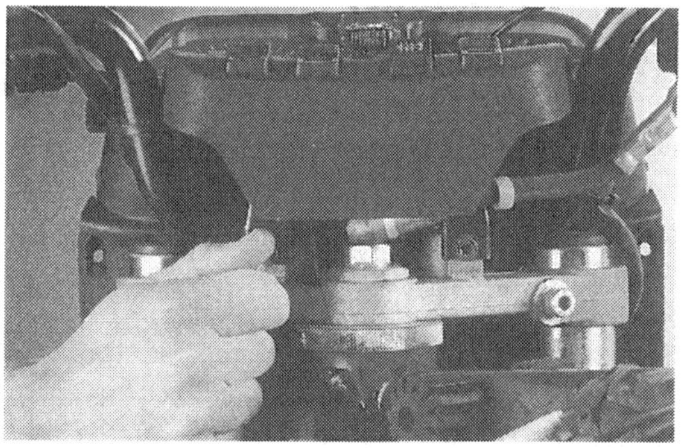

Bild 36
Befestigungsschrauben der Prallplatte ausdrehen

Bild 37
Klemmschrauben der Lenkerböcke lockern

Bild 38
Einfüllschraube ausdrehen

3.18 Teleskopgabel

Die Vorderradfederung der K 75 ist von konventioneller Machart, d. h. ohne Einstellmöglichkeit. Die Ölfüllung alle 15 000 km, mindestens aber einmal im Jahr, wechseln.

● Wirkung der Telegabel durch mehrmaliges Einfedern prüfen, wobei sich zeigt, ob Tauchrohre etwa durch verspannten Einbau an freier Beweglichkeit gehindert sind.

● Wellendichtringe und Staubkappen der Telegabel dürfen keine Undichtheiten zeigen. Sonst defekte Teile erneuern, wie ab Seite 18 beschrieben.

Gabelöl wechseln

● Prallplatte nach Ausdrehen der Befestigungsschrauben nach hinten legen (Bild 36).

● Klemmschrauben der Lenkerböcke lockern (Bild 37) und Lenker nach hinten drehen.

● Schutzkappen oben von Standrohr abnehmen und Einfüllschraube ausdrehen. Dabei Verschlussdeckel gegenhalten (Bild 38).

● Auffanggefäss unter Ablass-Öffnung stellen und Ablass-Schraube ③ Bild ausdrehen. Auf Verbleib der Dichtscheibe achten!

● Öl geduldig auslaufen lassen, abschliessend Gabel einige Male einfedern um Restöl auszupumpen.

● Ablass-Schraube mit neuer Dichtung einschrauben (9 ± 1 Nm).

● Genau ausgeliterte Menge Gabelöl (links und rechts: 0,33 bis 0,01 Liter SAE 5) über Trichter und Verlängerungsschlauch links und rechts einfüllen.

● Einfüll-Schraube mit neuem Dichtring eindrehen (15 ± 2 Nm) und Abdeckung anbringen.

● TIP Nach Befüllen durch Ein- und Ausfedern der Teleskopgabel (5 bis 10 Hübe) Stossdämpfer entlüften bis volle Dämpferwirkung spürbar.

● Lenker so ausrichten, dass Lenker-Körnermarkierung mit Klemmspalte der Klemmböcke fluchtet. Befestigungsschrauben anziehen (Bild 37; 22 ± 2 Nm).

3.19 Lenkkopflager

Wenn das Motorrad in langgezogenen Kurven

plötzlich nicht mehr den gewohnt sauberen Strich ziehen will, und wenn es beim kurzen Antippen der Vorderradbremse verdächtig im Lenker knackt, dann hat das Lenkkopflager zuviel Spiel.

● TIP Zu lose eingestelltes Lager verursacht Flattern bei höheren Geschwindigkeiten.

● TIP Zu stramm angezogenes Lager verursacht Fahrzeugpendeln bei niedrigen Geschwindigkeiten.

● Zum Prüfen des Lagers Maschine auf Hauptständer stellen und so untermauern, dass Vorderrad freikommt.

● Kegelschrauben ⑤ Bild 39 des Fluidblocks lockern (Reibwertverfälschung).

● Falls sich Lenker ungleich bewegt, schleift oder Vertikalspiel aufweist, Lager nachstellen. Darauf achten, dass Seilzüge oder Kabelstränge Lenkereinschlag nicht behindern.

● ⚠ Rastet Lenker in Mittelstellung ein → Lenkkopflager defekt, Lager ersetzen, siehe ab Seite 65.

● Tank abnehmen (Kapitel 3.2), Prallplatte lösen (Kapitel 3.18) und nach vorn legen.

● Hohlschraube ① Bild 39 am Verteilerrohr lösen. Dabei Lappen oder Auffanggefäss für austretende Bremsflüssigkeit bereithalten!

● Sechskantmutter ② und Gegenrohr ③ Bild 39 lockern.

● Mit Einstellring (Rändelmutter) ④ Lagerspiel einstellen (spielfrei). Lenker muss aus Mittellage leicht nach links und rechts fallen (Motorrad aufgebockt). Bei zuviel Spiel Mutter anziehen, bei Schwergängigkeit Mutter lockern.

● ⚠ Auf Freigängigkeit der Lenkung achten (Kabel, Bowdenzüge)!

● Gegenrohr festziehen und mit Sechskantmutter sichern. Anzugsmoment von Gegenrohr und Mutter wenn Sechskantmutter 5 mm hoch: 45 Nm; wenn 7 mm hoch: 65 Nm.

● Lenklagerspiel noch einmal kontrollieren, gegebenenfalls erneut nachstellen.

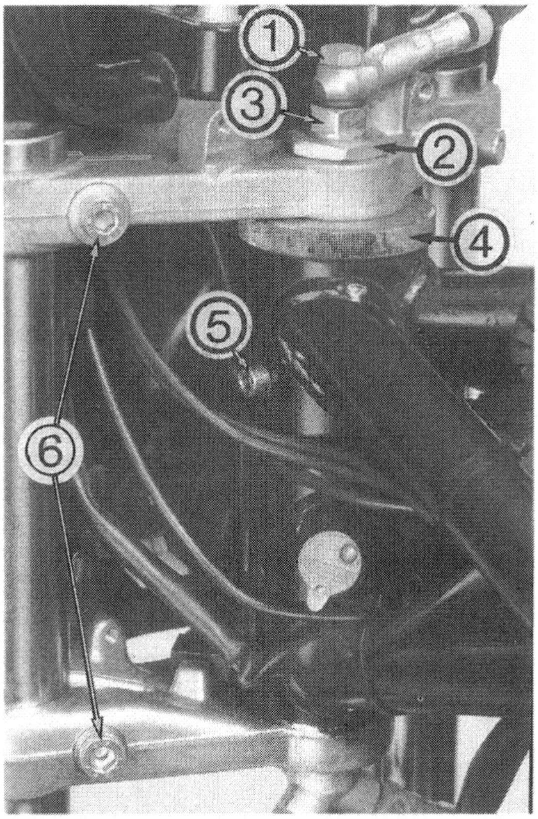

Bild 39
Lenkkopf
1 Hohlschraube
2 Sechskantmutter
3 Gegenrohr
4 Rändelmutter
5 Kegelschrauben
6 Klemmschrauben

● Sitzbank und Seitendeckel abnehmen (Kapitel 3.2). Ablagefach herausnehmen.

● Abdeckung für Einspritzsteuergerät abziehen und Sicherungsbügel des Mehrfachsteckers ④ Bild 55 Kapitel 5 nach hinten drücken. Stecker zuerst hinten abziehen, dann vorn ausklinken.

● Rechts Einspritzsteuergerät aus Gummiaufnahme herausnehmen (Bild 40) und nach links herausheben.

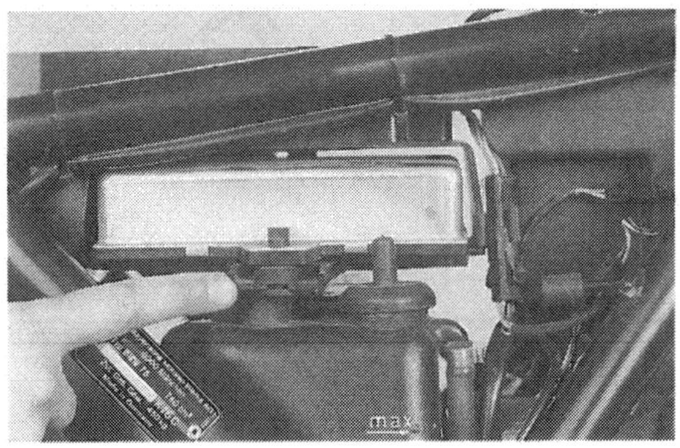

Bild 40
Einspritzsteuergerät herausheben

3.20 Batterie

Wie die meisten Motorräder verfügt auch die K 75 über einen E-Starter-Komfort, an den man sich gern gewöhnt. Deshalb muss die Batterie immer optimal in Schuss sein, um auch bei kalter Witterung ausreichend Energie liefern zu können.

● Die Batterie befindet sich unter der Werkzeugschale unter der Sitzbank. Batterie-Flüssigkeitsstand muss zwischen oberer und unterer Pegelmarkierung liegen.

● Bei zu niedrigem Stand oder zum Nachladen, Batterie ausbauen:

● Zwei Befestigungsstangen ausdrehen und Kühlmittel-Ausgleichsbehälter aus Rahmen nehmen.

● Zuerst negatives Batteriekabel (Minuspol) abklemmen und Entlüftungsschlauch abziehen. Danach Pluskabel entfernen. Batterie herausnehmen (Bild 41).

● ⚠ Falls Batterie nachgeladen werden soll, erst nach Ladevorgang bis MAX auffüllen! Vor Ladevorgang gegebenenfalls nur bis MIN nachfüllen.

Bild 41
Batterie herausnehmen

● Zellenstopfen entfernen und destilliertes Wasser nachfüllen.

● Batterie wechseln, wenn sich am Batterieboden grünlicher Belag bildet oder Ablagerungen ansammeln.

● Säurestand alle 3 Monate prüfen.

●⚠ In südlichen Ländern mit höheren Umgebungstemperaturen wegen erhöhter Verdunstung öfter kontrollieren.

●⚠ Batterie-Elektrolyt enthält Schwefelsäure! Deshalb die Flüssigkeit nicht mit Kleidung in Berührung bringen. Falls Flüssigkeit in die Augen gerät, sofort gründlich mit Wasser spülen und unverzüglich Augenarzt aufsuchen!

3.20.1 Batterie laden

●⚠ Maximaler Ladestrom darf 10% der Ladekapazität nicht überschreiten. Beispiel 25 Ah-Batterie: Ladestrom max. 2,5 Ampere; Ladezeit: 5 bis 10 Stunden.

● Ladezustand der Batterie mit Säureheber prüfen; Säuredichte bei vollgeladener Batterie: 1,26 bis 1,30 g/ml bezogen auf 20° C.

● Nach Laden Batterie leicht schütteln, damit Gasbläschen aufsteigen.

● Nach Beruhigung der Flüssigkeit evtl. destil-

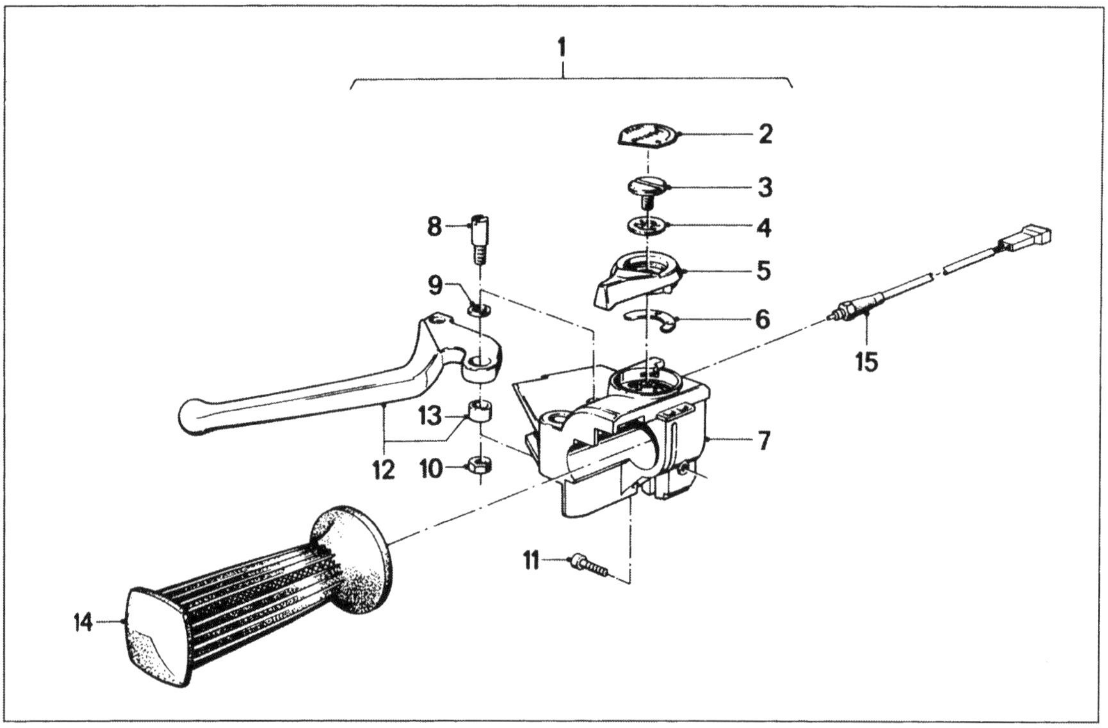

Bild 42
Griffeinheit links
2 Kappe
3 Schitzschraube
4 Scheibe
5 Hebel
6 Rasterplatte
7 Gehäuse
8 Schaftschraube
9 Federscheibe
10 Sechskantmutter
11 Zylinderschraube
12 Handhebel
13 Buchse
14 Griff
15 Schalter mit Leitung

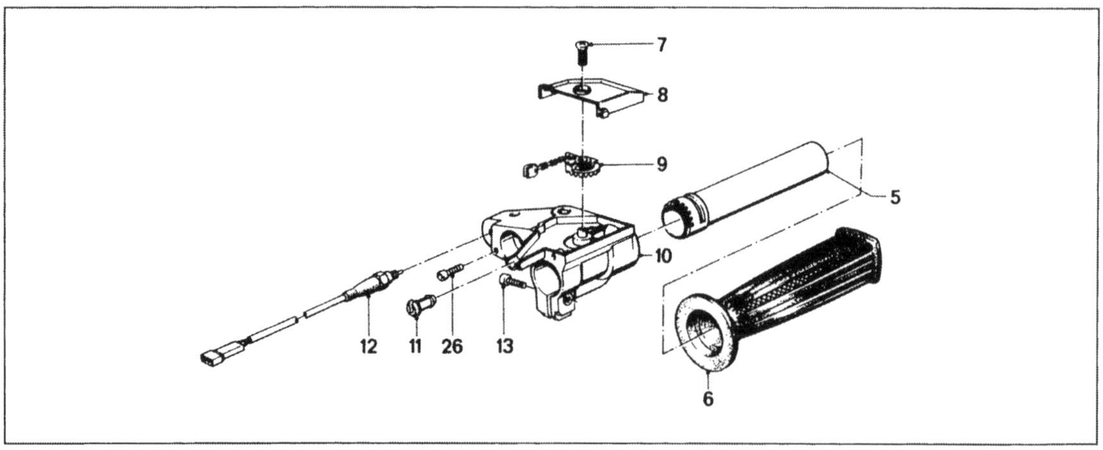

Bild 43
Griffeinheit rechts
5 Griffrohr
6 Griff
7 Senkschraube
8 Deckel
9 Nocken
10 Gehäuse
11 Stütze
12 Schalter mit Leitung
13 Zylinderschraube
26 Schraube

..ı «MAX»-Markierung auf-

..ıuss-Stopfen fest eindrehen.

..ıetriebnahme von neuer Batterie

- Nach Befüllen Batterie ca. eine Stunde stehen lassen, Batterie leicht schütteln und Flüssigkeit bis «MAX» auffüllen.
- ⚠ Nach Befüllen der trocken vorgeladenen Batterie mit Säure erreicht sie nur 60 Prozent der Nennkapazität. Batterie also unbedingt laden! Lange Standzeiten gefüllter Batterien vermeiden.

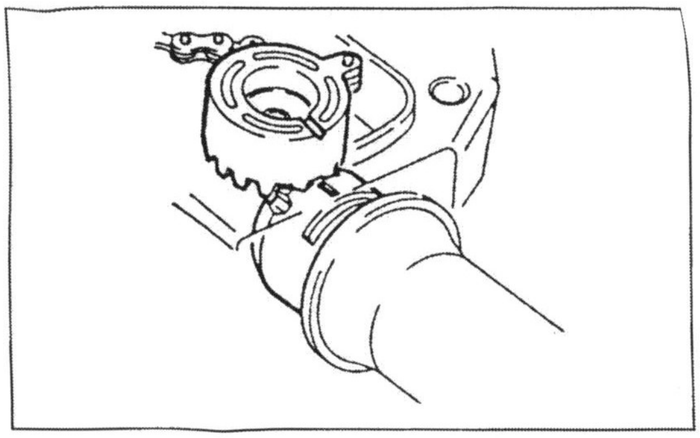

Bild 44
Markierungen beachten

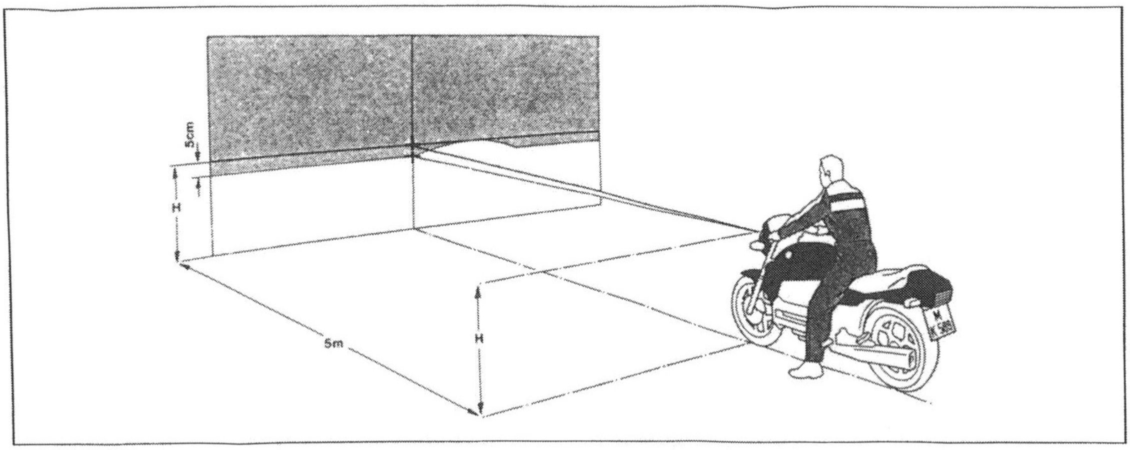

Bild 45
Scheinwerfereinstellung

Batterie erst kurz vor Bedarf mit Säure befüllen.

3.21 Seilzugpflege und -Wechsel

- Seilzugnippel und Widerlager regelmässig fetten und ölen, gegebenenfalls Drehgriff und Betätigungsmechanismen leicht fetten.
- Zum Choke-Seilzugwechsel:
- Am Choke-Handhebel Schutzkappe ② Bild 42 mit kleinem Schraubendreher vorsichtig aushebeln, Befestigungsschraube lösen, Hebel abnehmen und Seilzug-Hülle aushängen.
- Seilzugnippel aus oberer und unterer Aufnahme lösen.
- Neuen Choke-Seilzug in umgekehrter Reihenfolge montieren. Seilzug-Einstellung gemäss Kapitel 3.10 vornehmen.
- Zum Ausbau des Gasseilzugs Sitzbank aufklappen und Tank abnehmen. Kabelbinder trennen.
- Am Gasdrehgriff Deckel ⑧ Bild 43 nach Lösen der Befestigungsschraube abnehmen.
- Drehgriff Verstellnocken soweit drehen, dass Seilzug am Kettenende ausgehängt werden kann.
- Seilzug aus unterer Aufnahme herausnehmen und an Drosselklappentrommel aus Widerlager nehmen.
- Neuen Seilzug in umgekehrter Reihenfolge montieren.
- ⚠ Auf richtige Montage von Drehgriff/Verstellnocken im Gasdrehgriff achten. Markierungen müssen fluchten (Bild 44).
- Kupplungsseilzug nach Einstellen von grösstmöglichem Seilzugspiel (siehe Kapitel 3.9) wechseln.

3.22 Scheinwerfereinstellung

Bei korrektem Reifenluftdruck und Federbeineinstellung auf Solobetrieb wird das Motorrad auf den Rädern stehend und mit dem Fahrer belastet in Abstand von 5 m (ab Vorderradmitte) vor einer hellen Wand auf ebenem Boden aufgestellt. Der Abstand vom Boden bis zur Scheinwerfermitte wird auf die Wand übertragen und mit einem

Bild 46
Seitenverstellung des Scheinwerfers

Kreuz markiert. 5 cm unter diesem Kreuz wird ein zweites Kreuz gezeichnet. Abblendlicht einschalten. Scheinwerfer mittels Stellmechanismus so einstellen, dass in der Mitte des unteren Kreuzes die «Hell-Dunkel-Grenze» beginnt, bis zur Höhe des oberen Kreuzes nach rechts ansteigt und dann wieder abfällt (Bild 45).

● Seitenverstellung des Scheinwerfers erfolgt nach Lockern der Befestigungsschrauben (Bild 46).

● Höhenverstellung des Scheinwerfers erfolgt durch Verdrehen der Rändelschraube im Bereich des linken Gabelstandrohres (Bild 47).

3.23 Seitenständer

Bild 47
Höhenverstellung des Scheinwerfers

● Federn auf Beschä… untersuchen. Seitenständer auf L… prüfen. Gelegentlich am Schmiernippel … presse abschmieren.

3.24 Muttern, Schrauben, Befestigungsteile

Im Lauf der Zeit kann es vorkommen, dass sich Muttern oder Schrauben am Motorrad durch feine Vibrationen lösen.

● Deshalb nach jeweils 15000 Kilometern im Rahmen einer Inspektion alle Fahrgestellmuttern und -schrauben auf vorgeschriebene Anzugsmomente kontrollieren.

● ⚠ Befestigungs-Schrauben am Hinterrad alle 7500 km auf korrekten Sitz kontrollieren.

3.25 Räder, Reifen

● Reifen dürfen keine Risse oder sonstige Beschädigungen aufweisen. Reifenluftdruck bei kalten Reifen messen, siehe Technische Daten, Seite 79. Räder auf Schlag prüfen, siehe Seite 67.

Baugruppen

Ausbau
Wie in Kapitel 3 gesehen, lassen sich alle routinemässigen Wartungsarbeiten am Drilling bei eingebautem Motor erledigen.
Bei der Auflistung der Arbeitsgänge wird von einer Totaldemontage ausgegangen. Deshalb bei Generatortrouble getrost Arbeitsgang «Starter-Demontage» auslassen.

Prüfen und Vermessen
Die ganze Arbeit des Zerlegens nützt wenig, wenn die Teile nur nach augenscheinlicher Begutachtung wieder zusammengebaut werden.
Leider aber stösst der Privatmann beim Vermessen schnell an seine Grenzen, denn mit dem Mess-Schieber allein ist es nicht getan.
Nicht viele haben ihre private Werkstatt mit Messuhr, Messdornen oder Mikrometern in verschiedenen Weiten ausgerüstet, und es muss jeder für sich entscheiden, ob sich die Anschaffung dieser teuren Geräte lohnt.
Ganz spezielle Utensilien sind aber auch für Leute mit normalem Geldbeutel erschwinglich, zum Beispiel «Plastigage», ein feiner Kunststoffstreifen, mit dem das Spiel von geteilten Gleitlagern gemessen werden kann (Nockenwelle, Pleuel, Kurbelwelle). Richtiges Messen will gelernt sein. Deshalb vertraut der Unerfahrene diese wichtige Arbeit der Werkstatt an.

Montage
Nun liegt der Drilling also mit ihren Einzelteilen in Kisten, Kästen und Schubladen verpackt in der Werkstatt und wartet auf die Wiedererstehung.
Liegt das passende Werkzeug bereit? Sind die benötigten Ersatz- und Verschleissteile vollzählig besorgt? Sind alle Teile korrekt vermessen und auf Verschleiss geprüft worden?
Solange das Motorrad noch zerlegt herumliegt, sollte man sich nochmal ins Gewissen reden, denn jetzt lassen sich die Teile am einfachsten auswechseln. Also alles noch kritischer als sonst begutachten!
Wenn zum Beispiel ein Getriebezahnrad leichte Pitting-Bildung an den Zahnflanken aufweist, würde es bestimmt nochmals 10000 Kilometer schadlos seine Arbeit verrichten. Aber dann zerbröselt es garantiert während der Urlaubsfahrt in Sizilien. Ein neues Zahnrad kostet nicht die Welt, teuer wird erst der Einbau.

Wenn wirklich alles bereit liegt, kann die Schrauberei beginnen, damit Stunden später ein neuwertiges Motorrad aus der Werkstatt rollt.

4 Einspritzanlage

Prinzipdarstellung siehe Technische Daten Seite 81.

Bild 48a
Drosselklappenschalter

Bild 48b
Einspritzdüsen herausziehen

4.1 Ausbau

- Kraftstoff-Schlauch abziehen wie in Kapitel 3.2 beschrieben.
- Luftfilter ausbauen wie in Kapitel 3.5 beschrieben.
- Luftfiltergehäuse-Oberteil nach Lösen der Schlauchschelle zur Drosselklappeneinheit entnehmen. Gegebenenfalls Stecker des Luftmengenmessers abziehen und nach Ausdrehen der Befestigungsschrauben und Lockern des Schlauchbands entnehmen.
- Untere Luftfilter-Gehäusehälfte nach Lösen der zwei Innensechskantschrauben SW 8 entnehmen.
- Zwei Befestigungsschrauben des Drosselklappenschalters (Bild 48a) ausdrehen und Schalter von Drosselklappenwelle abnehmen.
- Gegebenenfalls Drahtsicherung des Steckers aushebeln und Stecker abziehen.
- Um Gasseilzug und Chokeseilzug (Startdrehzahlanhebung) auszuhängen, Trommel aufdrehen und Seilzug am Widerlager aushängen und Nippel aus Aufnahme führen.

Bild 49
Druckregler
1 Druckregler
2 Unterdruckleitung
3 Leitung von Einspritzleiste
4 Rückleitung zum Tank
5 Motorentlüftung
6 Chokeanzeige-Schalter

● Falls Gummi-Ansaugstutzen im Verdacht stehen rissig oder porös zu sein, Einmalschlauchbänder mit Seitenschneider durchtrennen. Andernfalls Spannschrauben der unteren Schlauchbänder lockern und Drosselklappeneinheit komplett abnehmen.

● Befestigungsschrauben ⑥ Bild 22 ausdrehen und Einspritzleiste ⑤ abnehmen. Auf Verbleib und Einbaulage der Zwischenscheiben und Gummitüllen achten!

● Stecker der Einspritzdüsen abnehmen. Bereich um Einspritzdüsen säubern und Einspritzdüsen von Hand herausziehen (Bild 48 b). Auf Verbleib des O-Rings achten.

● Falls Drosselklappeneinheit getrennt werden muss, Einmalschlauchbänder mit Seitenschneider trennen und von Ansauggehäuse abnehmen.

● Verbindungsleiste von Drosselklappeneinheit abnehmen. Darauf achten, dass beim Trennen der einzelnen Drosselklappen Abgleichfedern nicht verloren gehen.

● ⚠ Beim Lösen der Drosselklappen-Befestigungsschrauben Welle nicht verbiegen (gegebenenfalls gegenhalten).

● Zwei Befestigungsschrauben der Drosselklappe vorsichtig ausdrehen und von Drosselklappenwelle abnehmen.

● Falls Wellenlager ausgeschlagen, Wellen nach Ausdrehen der Befestigungsmuttern herausziehen (bei vorderer Drosselklappe O-Ring mit Schraubendreher ausheben).

● Druckregler ① Bild 49 nach Abziehen der Schläuche und Lockern der Sechskantmutter von Verbindungsleiste abnehmen.

● Einspritz-Steuergerät wie in Kapitel 3.20 beschrieben ausbauen.

4.2 Prüfen und Vermessen

● Komplette Drosseltrommel bei ausgehängter Rückholfeder von Hand drehen. Falls schwergängig: Fachwerkstatt oder erneuern.

● Klappenwelle der einzelnen Drosselklappen im Rohr von Hand leicht hin- und herdrücken und auf Spiel der Lagerung prüfen («knacken»).

● Sämtliche Ansauggummis auf Risse oder poröse Stellen untersuchen. Gummis dürfen auch nicht ausgehärtet sein. Gegebenenfalls erneuern.

4.3 Montage

● Vor Einbau sämtliche Durchlässe und Bohrungen mit Druckluft freiblasen.

● O-Ringe der Einspritzdüsen leicht fetten und von Hand eindrücken. Einspritzleiste montieren (Bild 22). Stecker und Zuleitung einclipsen.

● Drosselklappenwelle leicht fetten und in Ansaugrohr einsetzen. Befestigungsschrauben der Drosselklappen mit flüssiger Schraubensicherung eindrehen.

● Falls demontiert, Drosselklappeneinheit mit neuen Einmalspannbändern (mit «Kneifzange» zusammenziehen) an Ansauggehäuse befestigen.

● Seilzüge in Nippelaufnahme einführen und in Widerlager einhängen (an Ummantelung ziehen).

● Drosselklappeneinheit komplett mit Ansauggehäuse auf Ansaugstutzen stecken und Schlauchbinder festziehen. Dabei muss Schlauchbinder am dritten Zylinder so montiert werden, dass Spannschraube um ca. 35° nach innen weist, um Freigängigkeit der Drosselklappenwelle zu gewährleisten.

● Unterdruckschlauch zum Druckregler ⑦ Bild 22 und Kraftstoffleitungen anschliessen (Bilder 49 und 8, Seite 12).

● Untere Luftfilter-Gehäusehälfte auf Motorblock befestigen.

● Stecker des Luftmengenmessers einklinken und in Luftfiltergehäuse-Oberteil einführen. Mit zwei Schrauben befestigen.

● Luftfilter wie in Kapitel 3.5 beschrieben montieren.

● Einspritz-Steuergerät wie in Kapitel 3.20 beschrieben einbauen.

5 Zündsystem

Bild 50
Zündstecker trennen

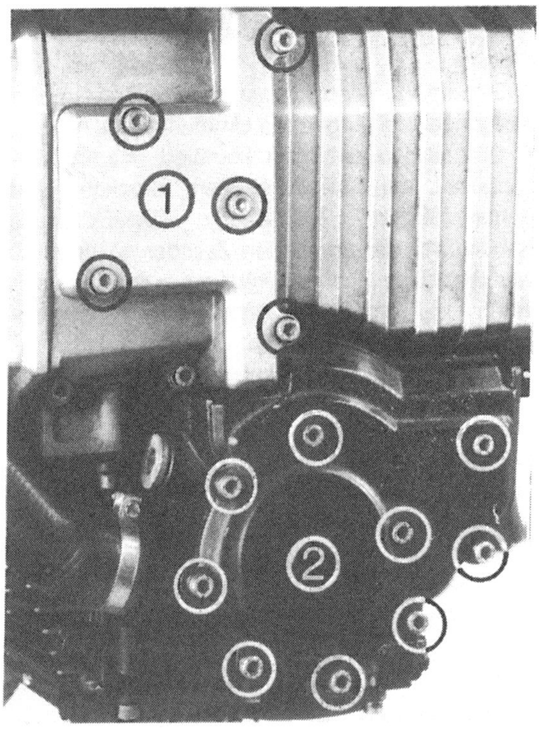

Bild 51
Deckelschrauben
1 Befestigungsschrauben des Zündgeberdeckels
2 Befestigungsschrauben des Kühlmittel-/Ölpumpendeckels

Bild 52
Befestigungsschrauben der Zündgeberplatte lösen

5.1 Ausbau

- Tank abbauen und Zündungsstecker (Bild 50) trennen und Kabel freilegen.
- Deckelschrauben ① Bild 51 ausdrehen und Zündgeber-Deckel mit Dichtung abnehmen.
- TIP Vor Ausbau der Zündgeberplatte, mit Reissnadel Markierung zur Einbaulage der Platte auf Platte und Gehäuse anbringen (erleichtert oder erspart später Einstellung des Zündzeitpunkts).
- Befestigungsschrauben Bild 52 lösen und Zündgeber mit Leitung abnehmen.
- Zündrotor nach Ausdrehen der Befestigungsschrauben (Bild 53) abnehmen. Es folgt Einstellscheibe (von Hand entnehmen).
- Falls Ölnebel im Zündgeber-Gehäuse feststellbar ist, Wellendichtring des Motorfrontdeckels (Steuerkettenkasten) erneuern (Kapitel 6 Zylinderkopf).
- Zündspulen-Abdeckung abnehmen (Bild 54). Massekabel von dritter Zündspule abziehen. Zündkerzenstecker an «Fahne» mit Zange und Zweifach-Stecker von Zündspulen abziehen.
- Unteren und oberen Lagerbolzen der Zündspulen herausziehen. Dabei Zündspulen ① Bild 55 festhalten.
- Zum Ausbau der Zündbox ④ Bild 56 Tank abnehmen.
- Wasserschutzkappe zurückziehen und Mehrfachstecker abziehen.
- Zündbox nach hinten ziehen, bis Haltenase ganz aus Lenkkopf heraus ist und seitlich herausführen.

5.2 Prüfen und Vermessen

Der Zündzeitpunkt moderner elektronischer Zündanlagen verändert sich nicht, da Erzeugung und Steuerung des Zündfunkens keinem mechanischen Verschleiss unterliegen. Das im folgenden Montage-Abschnitt beschriebene Verfahren der Einstellung und Überprüfung des Zündzeitpunkts dient dazu, einwandfreies Funktionieren der Zündsystem-Bauteile festzustellen.

Widerstandsmessungen der Zündspulen sind grundsätzlich nur mit Vorsicht zu geniessen: schadhafte Zündspulen, welche die vorgeschriebenen Werte aufweisen, können im Betrieb (→ Erwärmung) ihren Funken überallhin abgeben, nur nicht an die Kerzen!

● TIP Ein einfaches Verfahren zur Prüfung des Zündsystems sieht folgendermassen aus:

● Kerzenstecker abziehen und Kerzenstecker von Zündkabel herunterdrehen.

● Mit gut isolierter Zange (Achtung: Hochspannungsschlag-Gefahr!) Zündkabel zwei Millimeter von Motorgehäuse entfernt halten.

● Motor mit Starter durchdrehen. Zündfunke muss überspringen (deutlich hör- und sehbar), bis Abstand auf 6 bis 7 Millimeter vergrössert wird und dann abreisst (Mindestfunkenstrecke 5 mm).

● Übrige Mess- und Prüfverfahren sind der gut ausgerüsteten BMW-Werkstatt vorbehalten.

5.3 Montage

● Zündbox in umgekehrter Ausbaureihenfolge einbauen. Auf Festsitz des Mehrfachsteckers achten.

● Zündspulen mit Bolzen an Zwischenflansch/Motorgehäuse anbringen (5 Nm).

● Masseleitung an Zündspule ③ (hinterster Zylinder Nr. 3) befestigen und Zweifachstecker aufschieben:

● Zündspule ①: Zweifachstecker mit blau/schwarzem Kabel

● Zündspule ②: Zweifachstecker mit rot/schwarzem Kabel

● Zündspule ③: Zweifachstecker mit grün/schwarzem Kabel

● Einstellblende für OT (oberer Totpunkt) und Rotor auf Kurbelstumpf auflegen und Befestigungsschrauben festziehen.

● Zündgeber (Pick-up) so einsetzen, dass beim Ausbau gemachte Markierungen auf Grundplatte und Gehäuse fluchten. Befestigungsschrauben festziehen.

● Leitung für Pick-up mit vier Kabelbindern sorgfältig verlegen und Steckverbindung (Bild 50) anschliessen.

Zündzeitpunkt einstellen

● Zwei Befestigungsschrauben (Bild 52) lockern und Grundplatte zur **Grundeinstellung** so drehen, dass Aussparungen in Grundplatte und Gehäuse fluchten.

● Steckverbindung (Bild 50) lösen.

● Adapterleitung (BMW-Nr. 12 3 651) mit Zündgeberstecker verbinden und Zündeinstellgerät (BMW-Nr. 12 3 650) anschliessen.

Bild 53
Befestigungsschrauben des Zündrotors lösen

Bild 54
Zündspulen-Abdeckung abnehmen

Bild 55
Elektrische Bauteile
1 Zündspulen
2 Sicherungen
3 Batterie
4 Mehrfachstecker des Einspritzsteuergerätes

Bild 56
Draufsicht nach Demontage des Tanks
1 Ablauf der Tankentlüftung
2 Kühlmittelschlauch zum Ausgleichsbehälter
3 Kühlmittel-Einfülldeckel
4 Zündbox
5 Öldruck-Schalterstecker
6 Zündgeber-Stecker

● Befestigungsschrauben der Zündkerzenblende (Bild 18 a, Seite 16) ausdrehen, Blende abnehmen und Zündkerzen ausdrehen.

● Messuhrverlängerung BMW-Nr. 00 2 580 mit Messuhr in (hintersten) Zylinder Nr. 3 einschrauben.

● Durch Hin- und Herdrehen der Kurbelwelle am Sechskant im Zündrotor oberen Totpunkt ermitteln:

● Kurbelwelle auf kleinsten Zeigerausschlag der Messuhr drehen. Skala der Messuhr durch Drehen «nullen» (0-Markierung auf Zeiger ausrichten).

● Motor entgegen der Drehrichtung (gegen Uhrzeigersinn) zurückdrehen, bis Kolbenstellung zum Zündzeitpunkt erreicht ist.

● Kolbenstellung zum Zündzeitpunkt: 0,24 mm vor OT (oberer Totpunkt).

● Nach Lockern der Grundplatten-Befestigungsschrauben (Bild 52), Grundplatte langsam soweit nach links (Zündung Richtung spät) oder rechts (Zündung Richtung früh) drehen, bis Diode am Zündeinstellgerät erlischt. Klemmschrauben anziehen.

● Zündeinstellung kontrollieren: Motor durchdrehen.

Bei Kolbenstellung 0,24 mm vor OT (Messuhr-Anzeige) muss Diode am Zündeinstellgerät erlöschen.

● Gehäusedeckel mit neuer Dichtung anbringen (1) Bild 51.

6 Zylinderkopf

6.1 Ausbau

● ⚠ Darauf achten, dass Teile nicht untereinander vertauscht werden und wieder in ursprünglicher Einbaulage montiert werden.
● ⚠ Auf sicheren Stand der Maschine achten.
● Kühlmittel (Kapitel 7.1) und Motoröl (Kapitel 3.11) ablassen.
● Schlauchschelle am Kühlwasserstutzen lösen und Schlauch abziehen.
● Zündgeberdeckel und -Rotor ausbauen (Kapitel 5).
● Kabelverbindungen Motorkabelbaum/Einspritzdüsen und Drosselklappenschalter trennen.
● Auspuffanlage und Einspritzanlage (Kapitel 4) ausbauen.
● Zündkerzen ausdrehen und Zylinderkopfdeckel wie auf Seite 14 (Bild 14 b) beschrieben abnehmen.
● Kurbelwellendeckel abnehmen. Befestigungsschrauben schrittweise über Kreuz ausdrehen (Bild 81, Seite 44).
● Steuergehäusedeckel (Frontdeckel Bild 57) nach Ausdrehen der Befestigungsschrauben abnehmen.
● TORX-Befestigungsschrauben der Steuerkettenführung zwischen Kettenrädern ausdrehen und Kunststoff-Führung abnehmen.
● Befestigungsschrauben des Kettenspanners ② Bild 58 ausdrehen und Spanner abnehmen.
● Bewegliche Spannerschiene nach Ausclipsen der Befestigungsfeder abnehmen.
● Starre Steuerkettenschiene ① Bild 58 nach Ausfedern der Sicherungsringe samt Kette abnehmen. Auf Verbleib der Scheiben an Sicherungsringen achten.

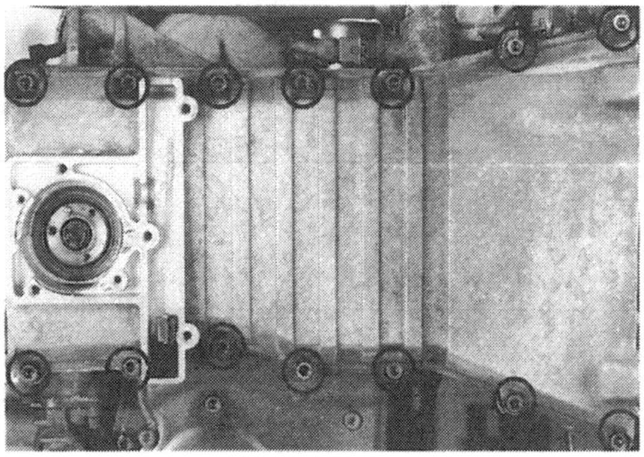

Bild 57
Befestigungsschrauben des Steuergehäusedeckels

Bild 58
Steuerkettenkasten
1 Starre Steuerkettenführung
2 Steuerkettenspanner

● TIP Nockenwellen können bei montierten Steuerkettenrädern ausgebaut werden:

● Kurbelwelle um 45° aus OT drehen (um Aufstehen der Ventile am Kolben zu verhindern).

● Nockenwelle so drehen, dass Nockenspitzen freistehen.

● Zuerst Befestigungsmuttern der vorderen Lagerböcke an Kettenrädern lösen (Axiallager), um Verkanten zu vermeiden. Dann restliche Muttern ausdrehen.

● Befestigungsmuttern der Nockenwellen-Lagerböcke schrittweise über Kreuz ausdrehen und Lagerböcke abnehmen. Auf Verbleib der Passhülsen achten.

● Nockenwelle entnehmen und Steuerkette abstreifen.

● Um Kettenräder von Nockenwelle abzunehmen, mit Gabelschlüssel am Nockenwellensechskant gegenhalten, Befestigungsschraube des Kettenrads lösen und Kettenrad abnehmen.

● Zylinderkopfmuttern schrittweise über Kreuz von aussen nach innen lösen.

● TIP Falls Zylinderkopf festgebacken, helfen leichte Gummihammerschläge in der Gegend von Ein- und Auslass, um Kopf zu lockern. Kopf von Zugankern abziehen.

● Zum Ausbau der Ventile ist Spezialwerkzeug nötig: Der Ventilfederhalter. Mit ihm die Ventilfedern nur soweit zusammendrücken, bis Ventilkeile mit Pinzette oder Magnetheber entfernt werden können oder herausfallen (Bild 59). Teile nicht mischen!

● ⚠ Vor Entnahme der Ventile, Ventilkeilnuten auf Aufwerfungen oder Grate untersuchen. Gegebenenfalls mit feinem Ölstein Grate und Aufwerfungen entfernen, sonst werden Ventilführungen zerschrammt.

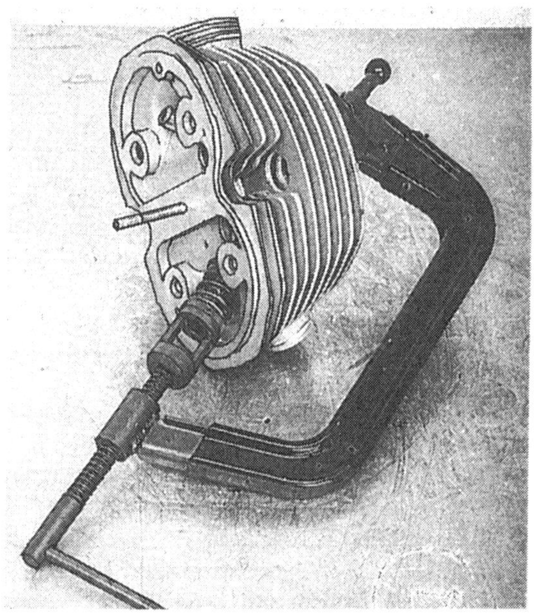

Bild 59
Ventilfederspanner im Einsatz. Funktioniert heute so wie eh' und je.

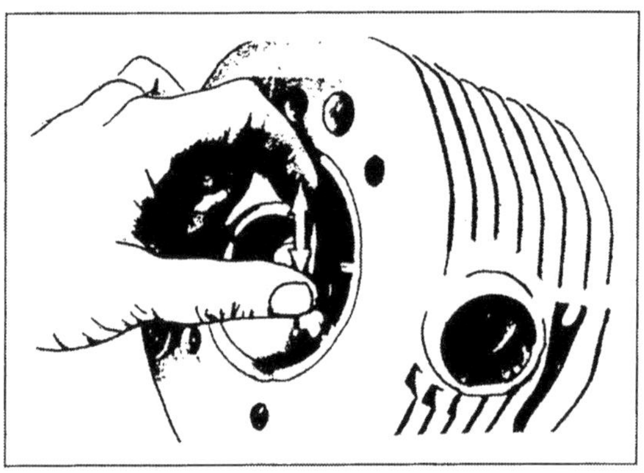

Bild 60
Nur «erfahrungsgemäss»: Führungsspiel

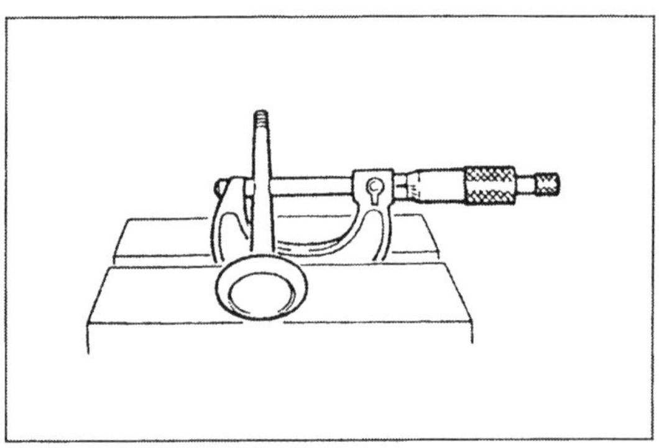

Bild 61
Schaftdicke messen

6.2 Prüfen und Vermessen

● Alle Ölkohleablagerungen aus Brennräumen entfernen. Bereich der Zündkerzenlöcher und Ventilführungen auf Risse kontrollieren.

● Zylinderkopf- und Zylinder-Dichtfläche auf Beschädigung prüfen, gegebenenfalls mit Ölstein abziehen.

● Ungespannte Länge der Ventilfedern messen. Sollwerte siehe Technische Daten.

● Jedes Ventil auf Verbiegung, Kratzer und anormalen Verschleiss am Schaft untersuchen. Ventilsitz muss glattes und riefenfreies Tragbild zeigen. Ventile können nachgeschliffen werden. Jedoch sind Ventilschleifmaschinen sehr teuer und nur in wirklich guten Fachbetrieben zu finden. Falls Sitzfläche am Ventilteller verbrannt oder ungleichmässigen Kontakt mit Ventilsitz hat, Ventil erneuern.

● Ventil in Führung einstecken und von Hand hin- und herdrücken (Bild 60):

● Es darf kaum Spiel spürbar sein und kein Knacken hörbar sein.

● Jedes Ventil muss in seiner Führung sauber gleiten und darf kein übermässiges Spiel aufweisen.

● Durchmesser der Ventilschäfte messen (Bild 61; Verschleissgrenze siehe Technische Daten ab Seite 85). Mit Kugellehre, Messdorn oder Innenmikrometer Innendurchmesser der

Ventilführungen messen, zuvor sorgfältig alle Öl-kohlereste an Ventilschäften und Tellern entfernen, um Mess-Ergebnis nicht zu verfälschen (Verschleissgrenze siehe Technische Daten).

● Verschleissgrenze des Spiels zwischen Ventil-schaft und -führung beträgt Einlass 0,150 mm, Auslass 0,165 mm (Sollwerte siehe Technische Daten). Falls grösser, prüfen, ob Einbau neuer Führung mit Standard-Abmessungen Spiel wieder in Toleranz bringt. Wechseln der Ventilführungen muss einer dafür ausgerüsteten Fach- oder BMW-Werkstatt überlassen werden, da gleichzeitig Ventilsitze nachgeschliffen werden müssen.

● Schliesst Ventil nicht einwandfrei dicht ab, Ventilsitz läppen (Prüfung: bei eingebautem Ventil in Ein- oder Auslasskanal Kraftstoff giessen, am Ventil darf nichts auslaufen).

● Läppmittel auf Ventilsitz auftragen, Ventil von innen mit speziellem Gummisauger oder von aussen mit Schlauchstück und Holzstift quirlen. Läppmittel darf nicht zwischen Ventilschaft und Führung geraten! Genügt Nachläppen nicht zum Abdichten, Ventil erneuern oder Dichtfläche in Fachbetrieb überschleifen lassen.

● Falls Ventilsitzfläche im Zylinderkopf zu breit oder zu schmal, in Fachwerkstatt neu fräsen lassen. Ventilsitzbreite B (Bild 62) für Einlass: 1,15 ± 0,25 mm; Auslass: 1,35 ± 0,25 mm.

● Ventiltellerhöhe H (Bild 62; Mindest-Randdicke) beträgt für Ein- und Auslassventil 1,0 mm.

● Mit Plastigage-Streifen, Nockenwellen-Lagerspiel messen (Bild 63):

● Mess-Streifen auf ölfreie Lagerstelle legen und Lagerbock montieren (9 ± 1 Nm). Nockenwelle nicht drehen! Lagerbock wieder abnehmen und Mess-Streifenbreite mit Plastigage-Skala vergleichen (je breiter der Streifen, desto geringer Spiel). Sollwert: 0,027 bis 0,061 mm.

● Mit Mikrometerschraube Grundkreis und Nockenhöhe messen. Verschleissgrenze Nokkenhöhe: Einlass 39,10 mm; Auslass 39,05 mm.

● Kettenspannerschiene und Kettenräder auf Ausbrüche, übermässigen Verschleiss oder Beschädigung untersuchen. Gegebenenfalls auswechseln.

6.3 Montage

● Ventilschäfte mit Öl benetzen und in Führungen schieben.

● Keilnuten der Ventile mit Tesafilm abkleben, damit Dichtlippen der Ventilschaftdichtungen nicht beschädigt werden.

● Ventilschaftkappen geölt mit passendem

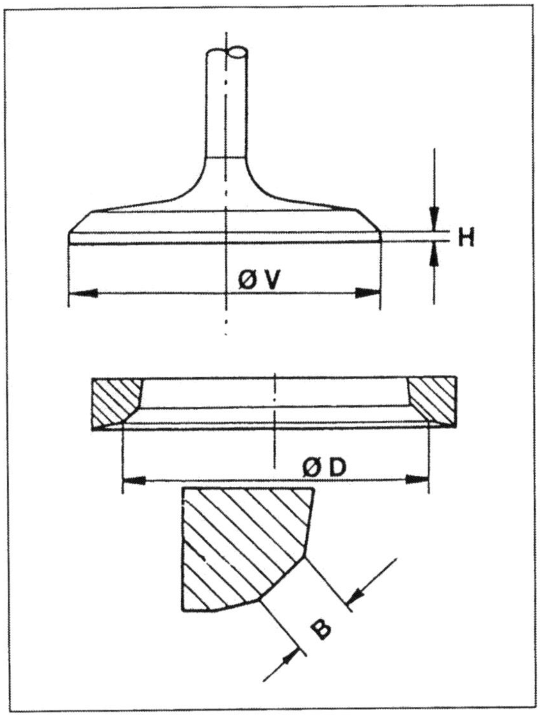

Bild 62
Ventilteller und -Sitz messen
B Ventilsitzbreite
H Ventiltellerhöhe
V Ventilteller-Durchmesser

Bild 63
Mess-Streifen mit Skala vergleichen

Rundmaterial oder von Hand aufdrücken (mit BMW-Treibdorn Nr. 11 1 940 auftreiben, bis Treibdorn am Zylinderkopf ansteht).

● Untere Ventilteller auflegen und Ventilfedern mit engen Windungen nach unten weisend (zum Zylinderkopf hin) einsetzen.

● Ventilteller aufsetzen und mit Ventilfederspanner (oder umfunktionierter Standbohrmaschine) Federn zusammendrücken und Ventilkeile einsetzen.

● ⚠ Ventilfedern nicht mehr als unbedingt nötig zusammendrücken. Darauf achten, dass Tassenstösselbohrungen nicht beschädigt werden.

● Mit Gummihammer leicht auf Ventilschäfte klopfen, damit sich Ventilkeile setzen.

● Dichtung auf öl- und fettfreie Dichtfläche auflegen, beschriftete Seite weist nach oben bzw. aussen.

● ⚠ Darauf achten, dass keine Bohrung verdeckt wird.

● Zylinderkopf aufsetzen.

● Befestigungsschrauben über Kreuz **von innen nach aussen** anziehen (30 ± 4 Nm). Nach 20 Mi-

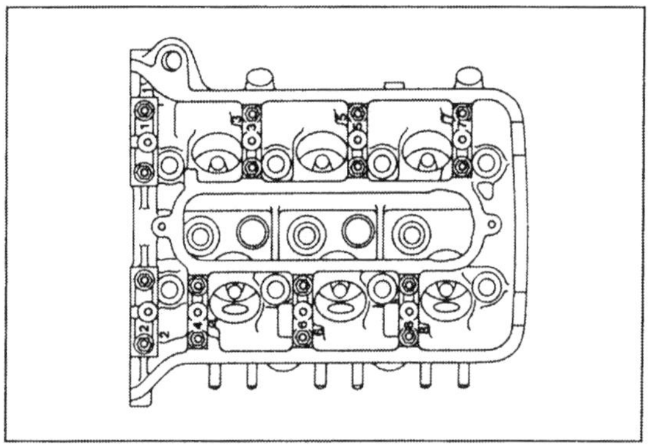

Bild 64
Kennzeichnung der Nockenwellen-Lagerböcke

Bild 65
Aussparungen in Kettenradbohrungen weisen beide nach links bzw. oben

nuten nachziehen (45 ± 5 Nm).

● Tassenstössel leicht geölt in Zylinderkopf einsetzen. Ursprüngliche Einstellplättchen leicht gefettet einlegen.

● Nockenwellen so einlegen, dass Nocken des dritten Zylinders nach innen zeigen. Lagerböcke aufsetzen.

● ⚠ Ziffern am Zylinderkopf müssen mit Ziffern der Lagerböcke übereinstimmen (Bild 64).

● Lagerböcke von innen nach aussen gleichmässig festziehen (9 ± 1 Nm).

● Kurbelwelle so drehen, dass Kolben des dritten Zylinders im OT steht (Stift des Kurbelwellenkettenrads fluchtet mit Gehäuserippe).

● Kettenführungsschiene ① Bild 58 zusammen mit Steuerkette einbauen. Scheiben und Sicherungsringe (Neuteile) montieren.

● Steuerkettenräder mit Befestigungsschrauben lose an Nockenwelle befestigen.

● Nockenwellen drehen bis Markierungen der Kettenräder (Nase an Erleichterungsbohrung) mit Dichtfläche des Zylinderkopfdeckels fluchtet (Bild 65). Beide Markierungen weisen dabei nach oben bzw. nach rechts in Fahrtrichtung gesehen bei aufgestelltem Motor.

● Steuerkette über Kettenräder legen (Zugseite stramm).

● Nockenwellen am Sechskant gegenhalten und Befestigungsschrauben der Kettenräder anziehen (54 ± 6 Nm).

● Kunststoff-Gleitschiene zwischen Kettenrädern befestigen (9 ± 1 Nm).

● Kettenspannschiene auf Bolzen aufsetzen und mit Scheibe und Sicherungsclip befestigen.

● Kettenspanner einsetzen. Dabei auf Nase achten. Befestigungsschrauben anziehen (9 ± 1 Nm).

● Motor durchdrehen. Stellung der Steuerkettenräder untereinander und zum Ritzel der Kurbelwelle kontrollieren.

● Ventilspiel kontrollieren und einstellen wie in Kapitel 3.6 beschrieben.

● Öl- und fettfreie Dichtfläche dünn mit flüssiger Dichtmasse (Three Bond 1207 B o. ä.) einstreichen.

● Kettenkastendeckel vorsichtig über Rotorflansch schieben und befestigen (7 ± 1 Nm).

● Kurbelwellendeckel mit so gut wie neuer Dichtung anbringen.

● Zündrotor anbringen und Zündung einstellen wie in Kapitel 5 beschrieben.

7 Kühlsystem und Ölpumpe

Kühlmittelpumpe und Ölpumpe sind bei der K-Baureihe als Einheit zusammengefasst.

7.1 Ausbau

- Ausbau der Öl-/Kühlmittelpumpe setzt Demontage von Tank und gegebenenfalls Verkleidung (Kapitel 3.2 und Bilder 156 und 157) voraus.
- Zum Ausbau der Öl-/Kühlmittelpumpe Öl (Kapitel 3.11) und Kühlmittel ablassen:
- Geeignetes Auffanggefäss bereitstellen und Kühlmittel-Ablass (Bild 66) ausdrehen. Kühlmittel-Abfluss durch Öffnen des Einfülldeckels ③ Bild 56 regulieren.
- Kabelanschluss des Öldrückschalters (über Kühlmittel-Ablass in Bild 66) abnehmen.
- Kühlmittelschlauch nach Lösen der Schlauchschelle von Pumpe abnehmen.
- Deckelschrauben ② Bild 51 ausdrehen.
- Pumpeneinheit nach Lösen der Befestigungsschrauben (Bild 67) von Motorgehäuse abnehmen. Auf Verbleib der beiden O-Ringe achten.
- Zum Lösen des Kühlmittel-Pumpenrads mit Innensechskantschlüssel Welle gegenhalten.
- Mit Gummihammer leicht auf Pumpenwelle schlagen und so Welle austreiben.
- Mit BMW-Spezialzange Nr. 11 1 250 Gleitringdichtung ⑦ Bild 71 aus Pumpengehäuse herausziehen (oder mit zwei passenden Schraubendrehern heraushebeln).
- Mit Schraubendreher (5 mm Klingenbreite) Wellendichtring ⑧ Bild 71 für Öl vorsichtig aus Pumpengehäuse herausschlagen.
- Zwei Befestigungsschrauben des Thermostatdeckels ausdrehen (Bild 68) und Thermostat-Ventil (Bild 69) entnehmen.
- Kühler nach Lösen der Schläuche und Befestigungsschrauben vom Rahmen abnehmen. Gegebenenfalls Lüftermotor vom Kühler abnehmen (Bild 70).

7.2 Prüfen und Vermessen

Kühlmittel- und Ölkreislauf siehe Technische Daten, Bilder 163 und 164.

Bild 66
Kühlmittel-Ablass

Bild 67
Gehäuseschrauben der Öl-/Kühlmittelpumpe

Bild 68
Thermostatventildeckel ausbauen

Bild 69
Thermostatventil

Bild 70
Kühlereinheit
1 Kühler
2 Thermostat-Ventil
3 Deckel
4 O-Ring
5 Sechskantschraube
6 Ausgleichsbehälter
7 Deckel
8 Schlauchklemme
9 Leitung
10 Einfüllstutzen
11 Beilagscheibe
12 Sechskantmutter
13 Verschlussdeckel
14 Dichtung
15 Dichtung
16 Puffer
17 Auflage
18 Gummitülle
19 Distanzbuchse
20 Zylinderschraube
21 Beilagscheibe
22 Sechskantmutter
23 Lüfter
24 Senkschraube
25 Einsteckmutter

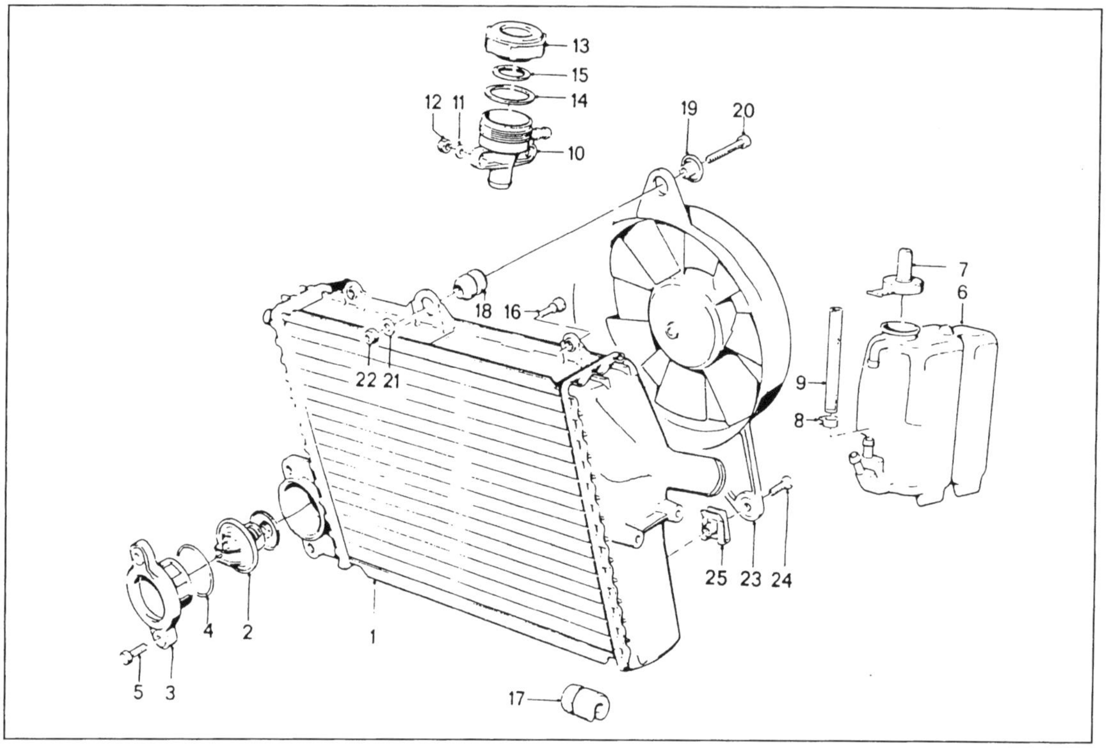

Bild 71
Öl-/Kühlmittelpumpe
1 Öl-/Kühlmittelpumpe
2 Pumpengehäuse
3 Kolben
4 Feder
5 Verschluss-Schraube
6 Dichtring
7 Gleitringdichtung
8 Wellendichtring
9 Antriebswelle
10 O-Ring
11 Welle
12 Öldruckschalter
13 Mutter
14 Wasserpumpenrad
15 O-Ring
16 Kühlmittel-Ablass
17 Dichtring
18 Befestigungsschraube
19 Deckel
20 Befestigungsschraube
21 O-Ring
22 Rohr
23 Muffe
24 Befestigungsschraube
25 Ölfilter
26 O-Ring
27 Befestigungsschraube

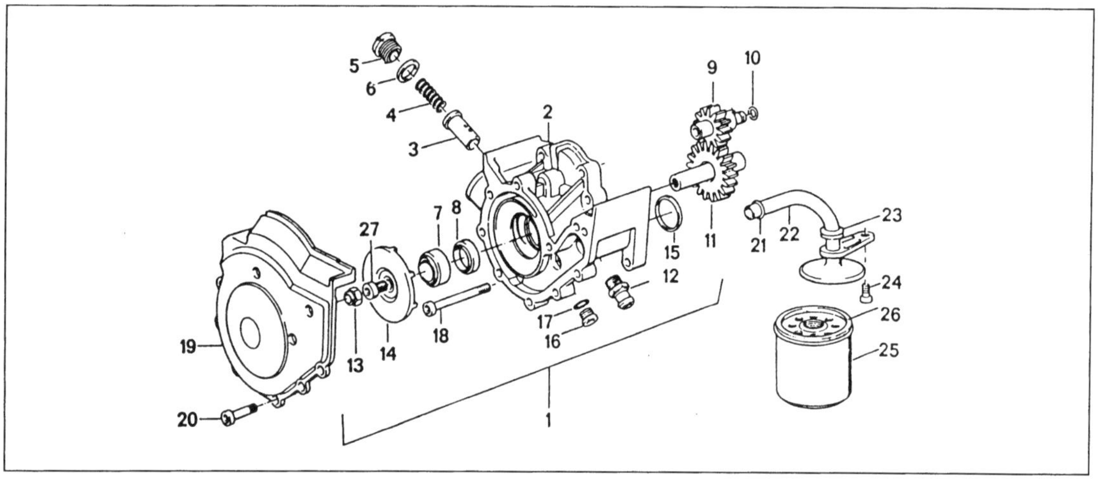

● Thermostat-Ventil in Wasserbad erhitzen und prüfen, ob Ventil bei ca. 85°C zu öffnen beginnt und bei ca. 92°C vollen Hub aufweist. Dabei darauf achten, dass Ventil nicht Gefässwand berührt, da so Messung verfälscht wird.

● Genauso Lüftermotor-Schalter mit Durchgangsprüfer (Widerstandmessgerät) prüfen. Schalter muss bei 103°C auf Durchgang schalten.

● Schalter der Kühlmitteltemperatur-Warnleuchte muss bei 111°C auf Durchgang schalten.

● Sämtliche Schläuche auf Rissigkeit, Versprödung oder Beschädigung untersuchen.

● Deckel des Einfüllstutzen kann in BMW-Werkstatt mit Druckprüfgerät auf vorgeschriebenen Öffungsbeginn des Überdruckventils im Deckel geprüft werden (Überdruckventil muss bei 1,0 + 0,15 bar öffnen).

● Pumpengehäuse auf Laufspuren der Ölpumpenzahnräder und des Kühlmittelrads untersuchen. Bei groben Beschädigungen ersetzen. Im Zweifelsfall der BMW-Werkstatt zur Begutachtung vorlegen.

● TIP Bei eingeschalteter Zündung muss Öl-

Bild 72
Kühlmittel-Ausgleichsbehälter

druckkontrollampe aufleuchten. Falls Lampe nicht aufleuchtet, folgende Prüfung vornehmen: Kabel vom Öldruckschalter trennen und an Masse kurzschliessen. Zündschalter auf ON drehen. Öldruckkontrollampe muss jetzt aufleuchten. Falls nicht: Glühbirne, Nebensicherung und Kabel auf Kurzschluss oder Unterbrechung untersuchen.
Motor starten und sichergehen, dass Lampe erlischt. Falls nicht, Öldruck überprüfen.

- Öldruck mit Adapter und Druckmesser am Öldruckschalter prüfen. Ansprechdruck des Öldruckschalters 0,2 bis 0,5 bar. Öffnungsdruck des Überdruckventils 5,4 bar.

7.3 Montage

- Falls Überdruckventil demontiert, Ventilkolben ③ Bild 71 leicht geölt in Pumpengehäuse einsetzen. Es folgt Druckfeder.
- Verschluss-Schraube mit neuem Dichtring eindrehen (35 ± 5 Nm).
- Ablass für Kühlflüssigkeit mit neuem Dichtring eindrehen (9 ± 1 Nm).
- Öldruckschalter 12 eindrehen (40 ± 5 Nm).
- Wellendichtring mit passendem Dorn bis auf Anschlag in Gehäuse einschlagen (Einbaulage siehe Bild 71).
- Pumpenwelle vorsichtig einführen (Wellendichtring nicht beschädigen) und Gleitringdichtung mit passendem Rohrmaterial bis zum Sitzgrund einschlagen.
- ⚠ Gleitringdichtung immer fettfrei halten. Nur Originalteil Nr. 11 51 1 264 466 der Fa. Goetze verwenden.
- Pumpenrad auf Welle aufsetzen und befestigen (am Innensechskant der Welle gegenhalten; Mutter 21 ± 2 Nm; Schraube 31 ± 4 Nm).
- Neuen O-Ring für Kühlmittelkanal in Nut von Motorgehäuse-Unterteil einlegen.
- Ölpumpenantriebsrad ⑨ Bild 71 mit leicht geöltem O-Ring in Nut der Abtriebswelle stecken.
- Öl- und fettfreie Dichtfläche dünn mit Dichtmasse (Three Bond 1207 B o. ä.) bestreichen, Pumpe aufsetzen und Befestigungsschrauben (Bild 67) unter gleichzeitigem Drehen der Kurbelwelle anziehen (zur Zentrierung der Ölpumpenzahnräder; 7 ± 1 Nm).
- Leitung für Öldruckschalter hinter Pumpeneinheit durch Öffnung am Gehäuse verlegen und an Öldruckschalter anschliessen.
- Auf öl- und fettfreie Dichtfläche Dichtmasse (Three Bond 1207 B o. ä.) dünn auftragen und Deckel befestigen (② Bild 51; 7 ± 1 Nm).
- Kühler mit Lüftermotor (Bild 70) in umgekehrter Reihenfolge des Ausbaus montieren.
- Sämtliche Kühlmittelschläuche anbringen, Schlauchbänder anziehen und Festsitz kontrollieren.
- Thermostatventil (Bild 69) einsetzen und Deckel anbringen.
- Motoröl einfüllen (Kapitel 3.11).
- Kühlflüssigkeit am Stutzen einfüllen. Freigegebene Sorten siehe Technische Daten, Seite 86.
- Kühlflüssigkeit bis Unterkante/Überlauf am Einfüllstutzen auffüllen (2,5 Liter + 0,4 Liter im Ausgleichsbehälter).
- Zum Entlüften des Kühlsystems Motor mit Starter durchdrehen und gleichzeitig Kühlmittelschlauch von Pumpe zum Thermostatgehäuse «kneten». Gegebenenfalls Kühlmittel auffüllen und Deckel mit Dichtung aufschrauben.
- Ausgleichsbehälter muss zwischen «MIN» und «MAX» aufgefüllt sein (Bild 72).
- ⚠ Niemals über «MAX» auffüllen (Motor kalt)!

8 Generator

Bild 73
Generator ausbauen

8.1 Ausbau

● TIP Zerlegen des Generators erübrigt sich in der Regel, vor Reparatur lieber im Tausch ersetzen.
Da einzig einzeln erhältliches Ersatzteil, lohnt sich nur die Erneuerung des Reglers mit den integrierten Kohleschleifern.

● Steuergerät für Einspritzanlage und Batterie ausbauen (Kapitel 3.20).

● Ausgleichsbehälter für Kühlmittel aus Batterieträgerplatte herausnehmen.

● Zweipolstecker abziehen und Generator nach Ausdrehen von drei Befestigungsschrauben abnehmen (Bild 73).

● Regler/Gleichrichter 24 Bild 74 nach Ausdrehen der beiden Schlitzschrauben vorsichtig aus Gehäuse herausführen. Dabei Schleifkohlen nicht beschädigen!

8.2 Prüfen und Vermessen

Vollständiger Stromlaufplan siehe Seite 96

● Ladespannung messen (Lade-Kontrollleuchte geht bei 1000/min aus):

● Spannungsmessgerät an voll geladene Batterie anschliessen.

● Betriebswarmen Motor starten und mit ca. 3000/min laufen lassen.

● Ladespannung muss mindestens 14 V betragen.

● Schleifkohlen dürfen nicht beschädigt sein und ausreichende Länge aufweisen. Rotor-Kollektor (Schleifringe dürfen nicht angebrannt schwarz-russig sein).
Gegebenenfalls in BMW- oder Fachwerkstatt begutachten lassen.

● Widerstand der Schleifringe untereinander beträgt etwa 3,4 Ω. Es darf kein Durchgang zwischen Schleifringen und Rotor-Umfang bestehen.

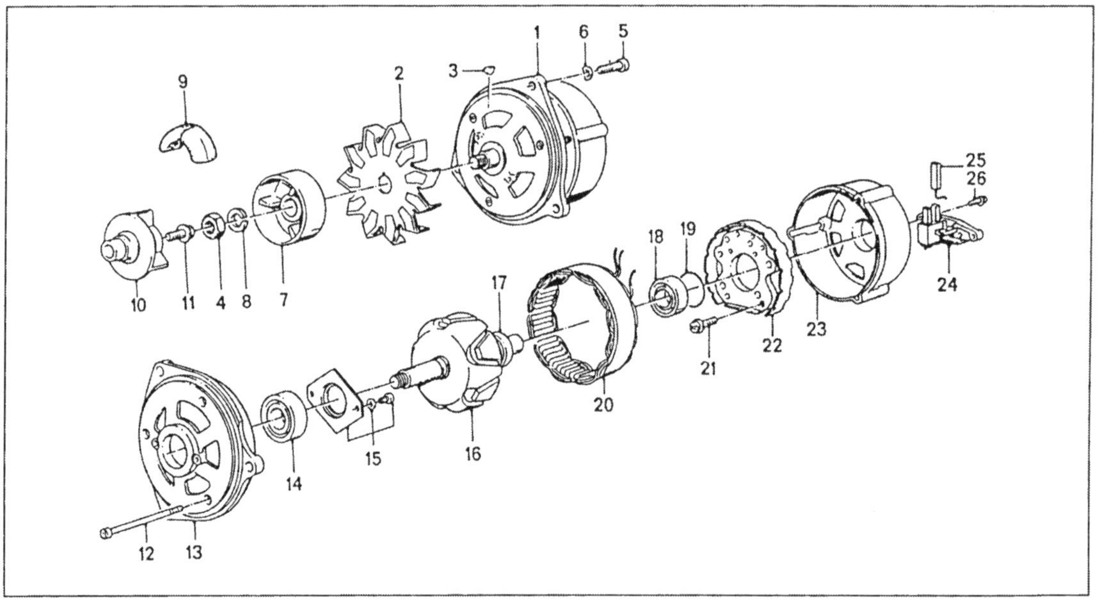

Bild 74
Generator
1 Generator
2 Lüfterrad
3 Scheibenfeder
4 Sechskantmutter
5 Zylinderschraube
6 Federscheibe
7 Kupplungsgehäuse
8 Federring
9 Gummilager
10 Mitnehmer
11 Schraube
12 Zylinderschraube
13 Antriebslager
14 Rillenkugellager
15 Abdeckung
16 Läufer
17 Schleifring
18 Rillenkugellager
19 O-Ring
20 Ringwicklung
21 Schraube
22 Diodenplatte
23 Schleifringlager
24 Regler
25 Kohlebürstensatz
26 Schraube

8.3 Montage

- Dämpfungsgummis leicht geölt in Kupplungsgehäuse ⑦ Bild 74 einlegen und Generator einsetzen. Drei Befestigungsschrauben anziehen (21,5 ± 2 Nm).
- Zweipolstecker aufschieben.
- Ausgleichsbehälter für Kühlmittel in Batterieträgerplatte einsetzen.
- Steuergerät für Einspritzanlage und Batterie einbauen (Kapitel 3.20).

9 Starter

9.1 Ausbau

● Steuergerät für Einspritzanlage und Batterie ausbauen (Kapitel 3.20).

Bild 75
Starter-Befestigung und -Anschluss

● Abdeckung der Zündspulen entfernen (Bild 54).
● Plus-Kabel von Starter lösen und zwei Befestigungsschrauben lösen (Bild 75). Starter entnehmen.
● Einbaulage des Starterrelais im Elektrikkasten unter Tank siehe Bild 159 Technische Daten.
● Zum Zerlegen des Starters, Starter mit Schutzbacken in Schraubstock spannen.
● Befestigungsschrauben ⑤ Bild 76 ausdrehen.
● Abtriebslagerdeckel ⑥ abziehen.
● Gehäuse 10 und Anker ⑥ abnehmen.
● Befestigungsmutter des Bürsteneinsatzes lösen und Bürstenhalterplatte abnehmen.
● Haltefedern der Kohlebürsten mit kleinem Schraubendreher anheben und Kohlebürsten entnehmen.

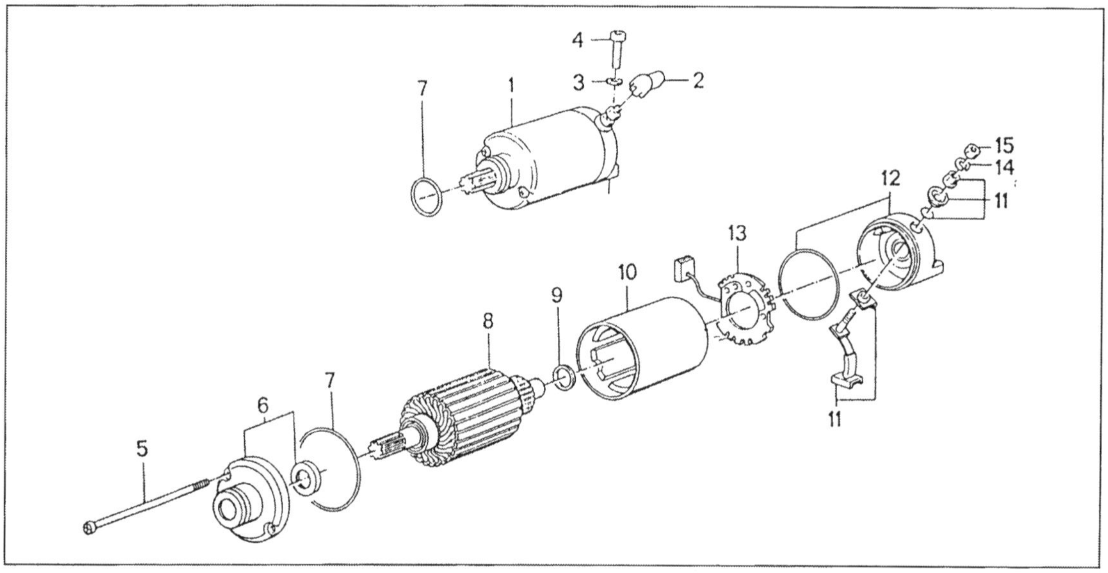

Bild 76
Starter
1 Starter
2 Schutzkappe
3 Federscheibe
4 Zylinderschraube
5 Zylinderschraube
6 Antriebslager
7 O-Ring
8 Anker
9 Distanzscheibe
10 Gehäuse
11 Kohlebürstensatz
12 Kollektorlager
13 Bürstenhalteplatte
14 Federring
15 Sechskantmutter

Bild 77
Bürstenhalteplatte mit Anker einsetzen

Bild 78 ▶
Markierungsnuten ausrichten

9.2 Prüfen und Vermessen

- Kollektorlamellen dürfen keine Verfärbungen aufweisen; paarweise verfärbt deuten sie auf geerdete Ankerwicklungen hin.
- Anschlüsse und Kabel zwischen Starter und Batterie prüfen.
- Spalt zwischen Kollektorlamellen (Glimmerunterschneidung) muss mindestens 0,5 mm betragen. Gegebenenfalls mit Metallsägenblatt nacharbeiten und anschliessend Kollektor mit 600er Schmirgelleinen abziehen. Mindestdurchmesser des Kollektors 33 mm.

9.3 Montage

- Neue Kohlebürsten in Halter einsetzen.
- Bürstenhalter auf Anker aufsetzen (Bild 77) und so in Kollektor-Lager einsetzen, dass Ausschnitte in Halter und Lager fluchten (Bild 78).
- Gehäuse so aufsetzen, dass Gehäusenase und Lagerausschnitt fluchten (Bild 79).
- Antriebslager so aufsetzen, dass Ausschnitt mit Gehäuseprägung fluchtet (Bild 80). Befestigungsschrauben anziehen.
- Starter mit leicht geöltem O-Ring einsetzen und an Getriebe befestigen (6 ± 1 Nm).
- Starterkabel an Starter mit Mutter befestigen (4 bis 6 Nm).
- Abdeckung der Zündspulen anbringen (Bild 54).
- Steuergerät für Einspritzanlage und Batterie einbauen (Kapitel 3.20).

Bild 79
Markierungen müssen fluchten

Bild 80
Markierungen müssen fluchten

10 Kolben, Pleuel und Kurbelwelle

10.1 Ausbau

● Ausbau der Kolben und Pleuel erfolgt bei ausgebautem Zylinderkopf (Kapitel 6).

● Kurbelwelle kann nach Ausbau folgender Teile bei montiertem Zylinderkopf und Kolben ausgebaut werden:

→ Tank (Kapitel 3.2)
→ Kühlflüssigkeit ablassen (Kapitel 7)
→ Deckel der Kühlmittelpumpe (Kapitel 7)
→ Zündgeberdeckel und -Rotor (Kapitel 5)
→ Kettenkastendeckel und Führungsschienen (Kapitel 6)

● Kurbelwellendeckel (Bild 81) ausbauen.

● Zum **Ausbau der Kolben** Kurbelwelle so drehen, dass zu bearbeitendes Pleuellager im unteren Totpunkt steht.

● Muttern ② Bild 82 der Lagerdeckelbefestigung abwechselnd schrittweise lösen und Pleuellagerdeckel abnehmen.

● Gewinde der Pleuellagerschrauben mit passendem Gummischlauch abdecken, damit beim Ausbau Gewinde Hubzapfen nicht beschädigen.

● Mit Hammerstiel Kolben samt Pleuel nach «oben» aus Zylinder drücken. Kolben beim Austreten aus Zylinder festhalten.

● Sicherungsring des Kolbenbolzen mit kleinem Schraubendreher aus Nut hebeln und Kolbenbolzen aus Kolben von herausdrücken.

● TIP Bei Schwergängigkeit Nut des Sicherungsring auf Aufwerfungen untersuchen, gegebenenfalls mit feinem Ölstein entfernen. Nur im Notfall mit Gewalt austreiben!

● Kolbenringe mit beiden Daumen etwas aufweiten und über Kolben schieben. Ringe nicht zu weit aufbiegen, da sie leicht brechen!

● Einbaulage und -Richtung auf Kolben und Pleuel vermerken (Fettstift o. ä., nicht Pleuel anritzen!).

● Ölkohle-Ablagerungen am Kolbenboden mit Schaber (Schraubendreher) vorsichtig abtragen – auch aus Ventiltaschen (keine Riefen einkratzen).

● Arbeitsablauf für übrige Kolben wiederholt sich nach Weiterdrehen der Kurbelwelle.

● Zum **Ausbau der Kurbelwelle** wie oben beschrieben Pleuellagerdeckel ausbauen und Pleuelschrauben mit Gummischlauch abdecken. Beim Weiterdrehen der Kurbelwelle auf bereits demontierte Pleuel achten.

● Hubzapfen des dritten Zylinders in Stellung OT drehen.

● ⚠ Lage der Kurbelwelle zur Abtriebswelle darf nicht verändert werden!

● Befestigungsschrauben ① Bild 82 schrittweise abwechselnd lösen und dann ganz ausdrehen.

● ⚠ Einbaulage der Lagerdeckel markieren (Fettstift o. ä.), damit diese wieder in urprünglicher Lage eingebaut werden können.

● Lagerdeckel abnehmen und Kurbelwelle ent-

Bild 81
Schrauben schrittweise über Kreuz ausdrehen

Bild 82
Pleuel und Kurbelwelle
1 Kurbelwellenlagerschrauben
2 Pleuellagerschrauben
3 Anlaufscheiben für Seitenspiel (Axialspiel)

Bild 83
Flankenspiel der Ringe messen

nehmen. Auf Verbleib der Anlaufscheiben ③ achten.

● Kurbelwellenritzel der Steuerkette nach Ausdrehen der Befestigungsschraube mit leichten Prellschlägen auf Flansch demontieren.

10.2 Prüfen und Vermessen

Kolben und Zylinder

● Kolbendurchmesser mit Mikrometer am Kolbenhemd im rechten Winkel zur Bolzenbohrung in Höhe von 12,0 mm von unten messen (Mass für KS-Kolben; Mass für Mahle-Kolben: 7,6 mm). Soll- und Verschleissmass siehe Technische Daten.

● Mit Fühlerlehrenblatt Flankenspiel der Kolbenringe messen (Bild 83). Verschleissmass siehe Technische Daten Seite 84.

● Kolbenring muss frei und ungehindert in Nut durchrollen (Bild 84).

● Stoss-Spiel der Kolbenringe im Zylinder messen (Bild 85). Verschleissmass siehe Technische Daten.

● Zylinder in drei Messebenen in Fahrtrichtung und im rechten Winkel zur Fahrtrichtung mit Innenmessgerät ausmessen. Werte voneinander abziehen und so Unrundheit und Konizität berechnen. Gemittelten Wert vom Kolbendurchmesser zur Kolbenspiel-Berechnung abziehen. Verschleissgrenzen siehe Technische Daten, Seite 84.

● Falls Verschleissgrenze überschritten sind

Bild 84
Ring muss frei, ohne zu klemmen, durchrollen

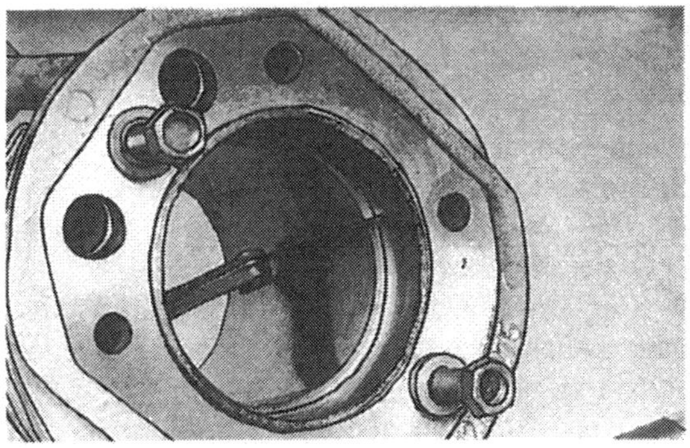

Bild 85
Stoss-Spiel der Ringe ermitteln

Übermasskolben erhältlich. Nur Kolben gleichen Fabrikats und gleicher Gewichtsklasse verbauen!

Pleuel und Hubzapfen

● Jedes Lager einzeln messen.

● Mit Plastigage PG-1 BMW-Nr. 00 2 550 Lagerspiel bei eingelegter Kurbelwelle feststellen.

● Hubzapfen etwa 30° aus unterem Totpunkt stellen.

● Öl an Hubzapfen und Lagerdeckel abwischen und Mess-Streifen über ganze Breite 6 bis 8 mm

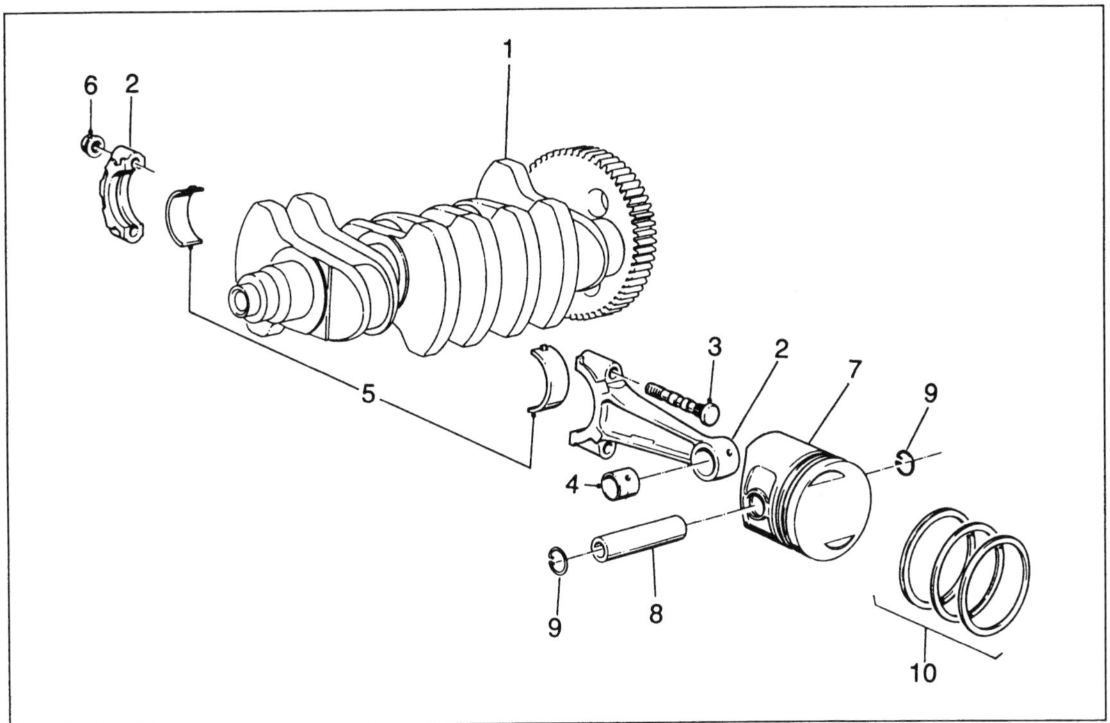

Bild 86
Kurbelwelle, Pleuel und Kolben
1 Kurbelwelle
2 Pleuelstange
3 Pleuelschraube
4 Pleuelbuchse
5 Pleuellagerschale
6 Mutter
7 Kolben
8 Kolbenbolzen
9 Sicherungsring
10 Kolbenringe

aus Zapfenmitte auflegen.

- Lagerschalen auflegen und Muttern mit 30 ± 3 Nm anziehen.
- ⚠ Kurbelwelle darf jetzt nicht mehr gedreht werden!
- Lagermuttern mit Drehwinkelanzeige BMW-Nr. 112110 auf endgültigen Wert anziehen (Drehwinkel 80° ± 3°).
- Lagerdeckel wieder lösen.
- Mit Plastigage-Skala Breite des Mess-Streifens bestimmen und so Lagerspiel feststellen (Bild 63, Seite 35).
- Verschleissmasse siehe Technische Daten.
- Müssen Pleuellager gewechselt werden, auf gleiche Farbmarkierung an Hubzapfen und Pleuellagern achten.

Kurbelwelle

- Lagerspiel der Kurbelwelle wie Pleuellager mit Plastigage PG-1 einzeln messen.
- Kurbelwelle aus unterem Totpunkt 30° vor- oder zurückdrehen, dann wie oben beschrieben verfahren.
- Lagerdeckel auflegen und Schrauben anziehen (50 ± 6 Nm).
- Lagerdeckel wieder lösen und abnehmen.
- Lagerspiel wie oben beschrieben bestimmen.
- Mit Messuhr, die an Kurbelwellenstirnseite angebracht wird, Axial-(Seiten-)Spiel der Kurbelwelle messen.
- Mit grossem Schraubendreher Kurbelwelle hin- und herdrücken. Messwert dabei an Uhr ablesen. Verschleissmass siehe Technische Daten, Seite 83.
- Hat Prüfung zu grosse Spielwerte ergeben, muss Kurbelwelle in BMW-Werkstatt nachgemessen werden.

10.3 Montage

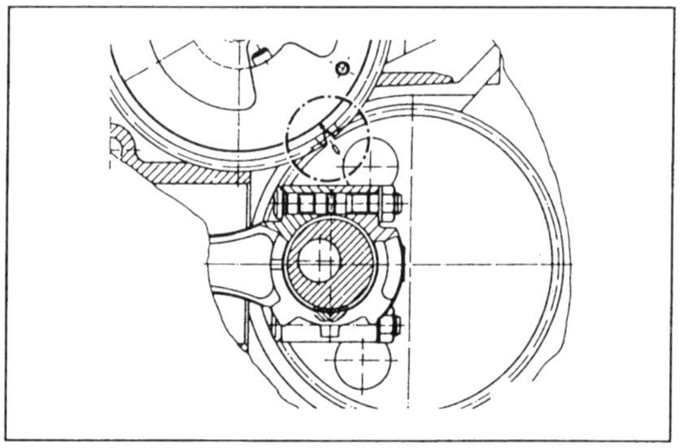

Bild 87
Markierungen von Kurbelwelle und Antriebswelle

- Gegebenenfalls neue Lagerschalen Nut auf Nut in Lagerbock bzw. Lagerdeckel eindrücken.
- Kurbelwelle in leicht geölte Lagerschalen einlegen und so drehen, dass Markierungen von Kurbelwelle und Antriebswelle wie in Bild 87 fluchten.
- Leicht geölte Lagerdeckel **in ihrer ursprünglichen Einbaulage** aufsetzen (Lagerdeckel sind mit Schlagzahlen markiert, Lagerdeckel 1 ist in Fahrtrichtung vorn; Axiallager und letztes Lager ohne Markierung).
- Lagerdeckel abwechselnd schrittweise von innen nach aussen anziehen (50 ± 6 Nm).
- Kolben und Pleuel so montieren, dass Pfeil auf Kolbenboden in Fahrtrichtung weist und Ölbohrung des Pleuelauges in Einbaulage nach oben weist. Kolbenbolzen muss leicht geölt unter leichten Druck durch Kolben und Pleuelbuchse gleiten!
- **Neuen** Sicherungsring in Kolbennut einfedern und auf richtigen Sitz in Nut kontrollieren.
- Kolbenringe mit beiden Daumen aufweiten und in entsprechende Kolbennut einfedern (Kennzeichnung nach oben). Ringe nicht weiter als unbedingt nötig aufweiten, da sie leicht brechen!
- Erster Ring: Rechteckring
- Zweiter Ring: Rechteckring mit obenliegender Innenfase
- Ölabstreifring: Dachfasenring mit Schlauchfeder
- Stoss von Dachfasenring und Schlauchfeder um 180° versetzen.
- Kolben, Ringe und Zylinder gut ölen.
- Kolbenringe so drehen, dass Ringstösse um 120° versetzt sind.
- Entsprechenden Hubzapfen der Kurbelwelle in UT-Stellung bringen.
- Gewinde der Pleuelschrauben mit Gummischlauch o. ä. abdecken, damit Hubzapfen nicht beschädigt wird.
- Kolbenringe von Hand zusammendrücken und Kolben samt Pleuel «von oben» in Zylinder einschieben (Pfeil auf Kolbenboden zeigt in Fahrtrichtung nach vorn).
- Pleuel auf Hubzapfen aufsetzen und Lagerdeckel geölt auf Pleuel aufsetzen.
- Muttern der Lagerdeckel anziehen (30 ± 3 Nm).
- Mit Drehwinkelanzeige (BMW-Nr. 112110) Muttern auf endgültigen Anzug festziehen (80° ± 3°).

11 Motor – Aus- und Einbau

11.1 Ausbau

● Die Motor-/Antriebseinheit muss zur Wartung von Antriebswelle, Getriebe, Starterfreilauf und Kupplung aus Rahmen ausgebaut werden.
● Verkleidung und Tank ausbauen (Kapitel 3.2).
● Einspritzsteuergerät und Batterie ausbauen.
● Kühlflüssigkeit ablassen, Schläuche abnehmen und Kühler ausbauen (Kapitel 7).
● Gasseilzug an Drosselklappenanlage aushängen. Dazu Kurvenscheibe nach oben drehen und Nippel aushängen. Seilzug aus Widerlager nehmen. Zug nicht knicken!
● Ansaugluftleitung (Bild 12, Seite 13) abnehmen.
● Kupplungs-Seilzug nach Eindrehen der Einstellschraube ① Bild 20 am Handhebel mit kräftigem Schraubendreher am Ausrückhebel vorhebeln, um Seilzug auszuhängen.
● Kupplungsseilzug durch Öffnung im Getriebegehäuse herausziehen.
● Choke-(Startdrehzahl-Anhebung-)Seilzug am Lenkerhebel nach Abnehmen des Deckel aushängen und freilegen.
● Zündspulenabdeckung abnehmen und Zweifachstecker von Zündspulen abziehen.
● Masseleitung von dritter Zündspule und Zündkerzenstecker abziehen.
● Öldruckschalter-Stecker ⑤ Bild 56, Zündgeber-Stecker ⑥ und Stecker Bild 7, Seite 11, trennen. Kabel vom Rahmen lösen.
● Auspuff-Anlage vom Zylinderkopf abnehmen. Hinten Schrauben ② Bild 88 ausdrehen und Auspuff komplett abnehmen.
● Kühlmittel-Ausgleichsbehälter provisorisch an Rahmen befestigen.
● TIP Bei ausgebautem Hinterrad kann auf Ausbau des hinteren Kotflügels verzichtet werden (andernfalls muss Fahrwerk höher über Hinterrad gehoben werden). Schwinge dann untermauern.
● Motor an Ölwanne breitflächig untermauern.
● Vier Befestigungsschrauben (Bild 89) des Hauptständer-Lagerbocks ausdrehen und Lagerbock samt Haupt- und Seitenständer abnehmen.
● ⚠ Schrauben sind microverkapselt (selbstsichernd) und nicht wiederverwendbar!
● Federbein-Befestigungsmutter unten ausdrehen und Federbein nach aussen über Gewindebolzen ziehen.
● Um Faltenbalg der Gelenkwelle nicht zu be-

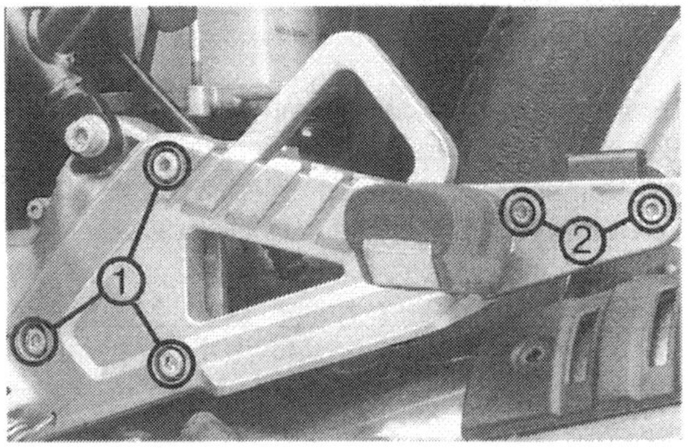

Bild 88
Fussrastenplatte
1 Befestigungsschrauben
2 Auspuffschrauben

Bild 89
Lagerbockschrauben unter Getriebe

Bild 90
Motorbefestigung links

Bild 91
Motorbefestigung rechts

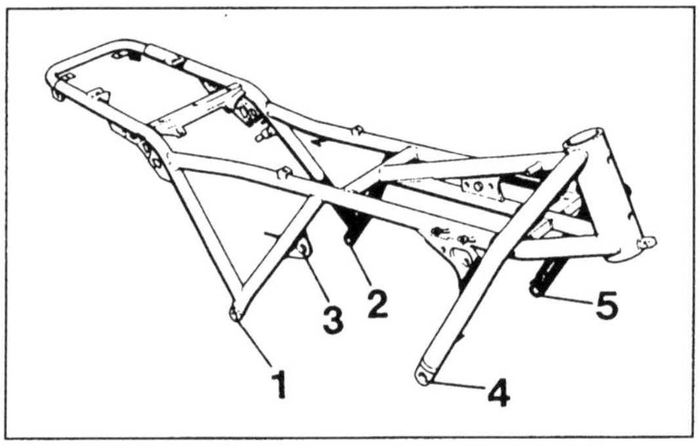

Bild 92
Motorbefestigungen

schädigen, bei abgenommenem Hinterrad Schwinge untermauern.

● Rahmen-Befestigungen (Bilder 90 und 91) lösen und ausdrehen. Auf Verbleib der Distanzscheiben achten.

● «Restrahmen» mit Helfer über Motor-/Antriebseinheit wegheben und auf vorbereitete Stütze abstellen.

11.2 Motor-Einbau

● «Restrahmen» mit Helfer auf Motor-/Antriebseinheit aufsetzen.

● Rahmen-Befestigungen ausrichten und Schrauben ①, ② und ④ Bild 92 einschrauben. ① und ② festziehen (45 –6 Nm).

● Spaltmass zwischen Rahmen und Auge am Zwischenflansch (Befestigung ③) ermitteln und mit Distanzscheiben ausgleichen. Restspalt max. 0,25 mm.

● Schraube ③ eindrehen und festziehen (45 –6 Nm).

● Schraube ⑤ einschrauben und ④ und ⑤ festziehen (45 –6 Nm).

● Übrige Arbeitsgänge in umgekehrter Reihenfolge des Ausbaus.

11.3 Inbetriebnahme des überholten Motors

● Motor, Getriebe und eventuell Endantrieb mit Öl und Kühlsystem mit Kühlmittel befüllen. Alle nötigen Einstellarbeiten an Bremse, Kupplung, Einspritzanlage und Gaszugbetätigung vor dem ersten Start durchführen.

● Es kann sein, dass die Abgase des Motors in den ersten Minuten des Motorlaufes eine stark blaue Färbung haben, was auf die Verbrennung desjenigen Motoröls zurückzuführen ist, das bei der Montage des Motors aus Sicherheitsgründen in etwas zu reichlichem Masse beigegeben wurde.
Also nicht von der beschriebenen Erscheinung beunruhigen lassen.

● Vor der ersten Teilnahme am öffentlichen Strassenverkehr Bremsen, Lichtanlage, Blinkanlage, Kupplung und Gangschaltung auf Funktionstüchtigkeit kontrollieren.

● Während der ersten 1000 km Fahrstrecke denke man daran, dass die bei der Überholung des Motors neu eingebauten Motorenteile eine gewisse Einlaufzeit benötigen. Deshalb Motor nicht im oberen Drehzahlbereich «jubeln» lassen, oder ihn im unteren Drehzahlbereich Steigungen hinauf «quälen».

● Nach einer Laufstrecke von etwa 500 km im Rahmen eines Ölwechsels neues Ölfilter spendieren.

12 Getriebe

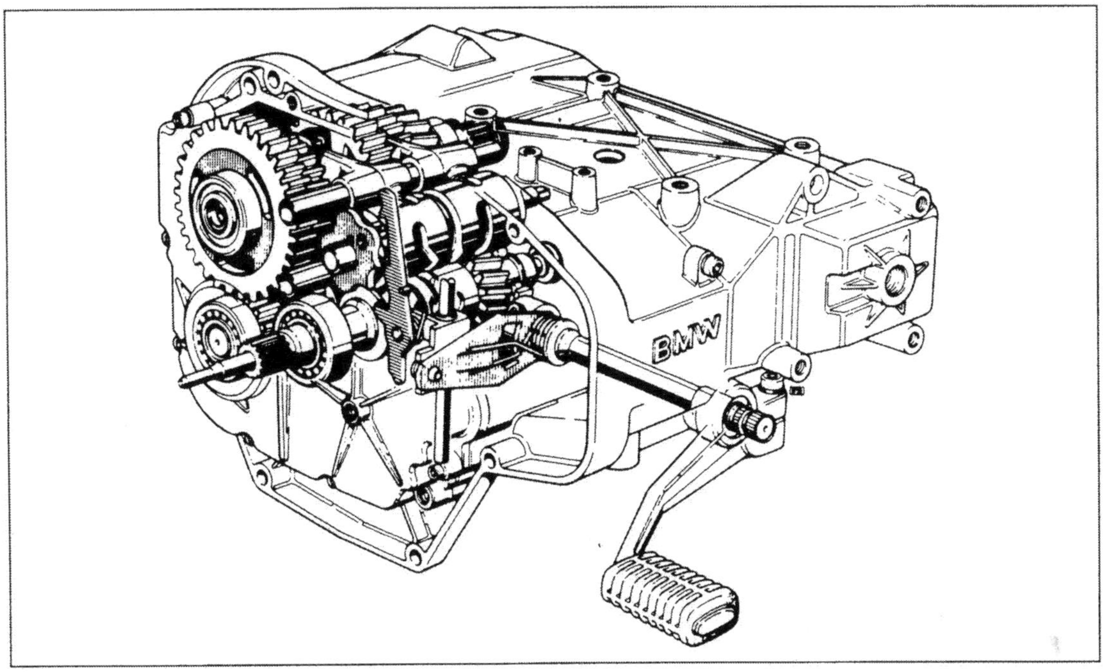

Bild 93
Getriebe

12.1 Ausbau

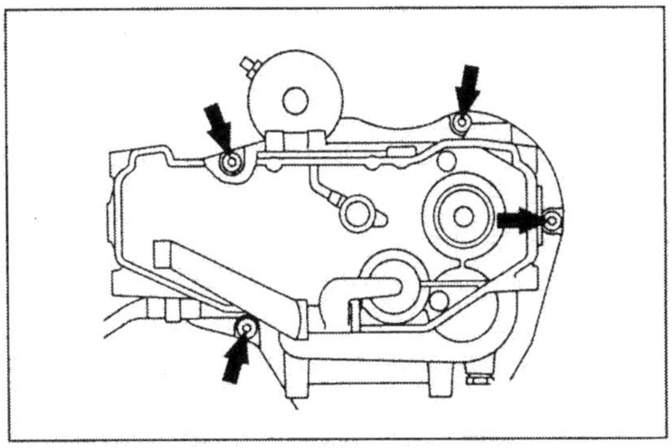

Bild 94
Getriebe-Befestigungsschrauben

Bild 95
Getriebedeckelschrauben
1 Schraube für Leerlaufarretierung
2 Verschluss-Stopfen für Montage des Schaltwalzen-Arretierungshebels

Hobbymechaniker sollten sich mit dem Ausbau der Getriebebox (Bild 93) begnügen, da die Entnahme der Getriebewellen maschinenbautechnische und Handwerkserfahrung voraussetzt, und der Einbau nach Werksvorschrift einen umfangreichen Messwerkzeugpark, über den ein Hobbymechaniker kaum verfügt. Die Getriebewellen lassen sich nicht ohne spezielle Abzieher zerlegen und sollten, falls nötig, von der BMW- oder Fach-Werkstatt zerlegt werden.

- Getriebeöl ablassen (Kapitel 3.12, Seite 18). Dieser Arbeitsgang entfällt, wenn Getriebe nur zur Kupplungsreparatur o. ä. ausgebaut werden muss.
- Hinterrad, Winkeltrieb, Schwinge und Gelenkwelle ausbauen (Kapitel 16, Seite 60). Dieser Arbeitsgang entfällt, wenn Getriebe nur zur Kupplungsreparatur o. ä. ausgebaut werden muss.
- Starter (Kapitel 9) ausbauen.
- Befestigungsschrauben der Getriebebox (Bild 94) ausdrehen. Getriebe **genau fluchtend** nach hinten wegnehmen.
- Getriebe in Leerlauf schalten.
- Schraube (1) Bild 95 der Leerlauf-Arretierung ausdrehen. Es folgen Feder und Kugel.
- Deckelschrauben schrittweise über Kreuz lokkern und ausdrehen. Deckel an Lagerstellen mit

Fön auf etwa 100°C erwärmen und mit Schraubendreher an Montagenasen abhebeln.

● Verschlussblech der Bohrung 352 Bild 95 mit passendem Dorn herausschlagen.

● Schaltgabelschienen (1) Bild 96 herausziehen.

● Antriebswelle (2) nach rechts unten kippen. Schaltgabeln aus Schaltwalze (3) herausdrehen, bis Führungszapfen der Gabeln aus Walze freikommen. Auf Verbleib der Rollen der Gabelzapfen achten.

● Schaltklinke (4) von Hand nach aussen drükken und Schaltwalze mit Drehbewegung herausziehen.

● Schaltgabeln und Antriebswelle entnehmen.

● Bereich der Lagerstellen der Abtriebs- und Zwischenwelle mit Fön auf ca. 100°C erwärmen und Wellen entnehmen.

● Getriebegehäuse-Entlüftung (1) Bild 97 von innen mit passendem Dorn herausschlagen. Sicherungsring (2) entfernen und Führungsstange nach oben herausnehmen.

● Schaftschraube (3) (Innensechskant SW 5) innen auf Schaltwelle ausdrehen und Schaltwelle samt Pedal herausziehen.

● Sicherungsringe (4) für Anschlag entfernen (Bild 97) und Segment mit Schenkelfeder und Anschlag herausnehmen. Auf Verbleib der Scheibe zwischen Schenkelfeder und Gehäuse achten.

● Gehäuse-Bereich der Lagerstellen von An- und Abtriebswelle mit Fön auf etwa 100° C erwärmen und Wellen entnehmen. Auf Einbaulage und Anzahl der Distanzscheiben achten, gegebenenfalls notieren.

●⚠ Zerlegen der Getriebewellen (Bild 98) ist Sache der Fach- oder BMW-Werkstatt. Auch der Ausbau und die Montage neuer Lager wird dem Fachmann mit der richtigen Ausrüstung anvertraut. Aber auch dort wird zum Beispiel die defekte Zwischenwelle komplett gewechselt.

Bild 96
Leckere Getriebe-Innereien
1 Schaltgabelschienen
2 Antriebswelle
3 Schaltwalze
4 Schaltklinke

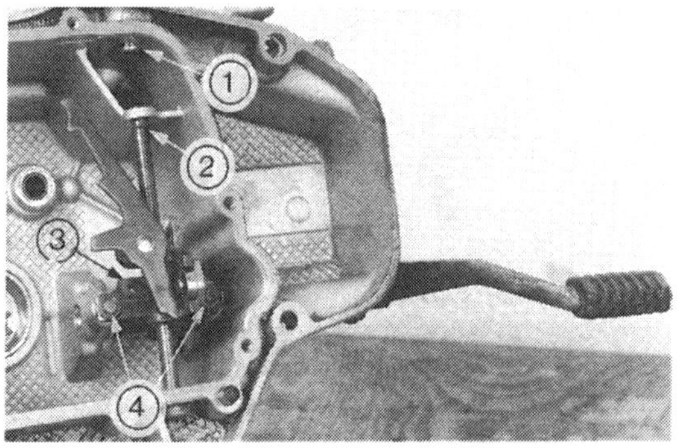

Bild 97
Schaltmechanismus
1 Entlüftungsdom
2 Sicherungsring
3 Schaftschraube
4 Sicherungsring (2 Stück)

Bild 98
Getriebelager abziehen

12.2 Prüfen und Vermessen

● Zähne der Getrieberäder auf Pitting (Ausbrüche in der Härteschicht) prüfen. Räder und Wellen auf Beschädigung und übermässigen Verschleiss untersuchen.

● Lager auf geräuschlosen und spielfreien Lauf prüfen.

● Nuten der Schaltwalze und Führungszapfen der Schaltgabeln auf Beschädigung oder übermässige Abnutzung untersuchen.

● Schaltgabelschienen auf Glasplatte rollen und so auf Verbiegung untersuchen.

● Klinkenfeder und Schaltsegmentfeder (Schenkelfeder auf Ermüdung untersuchen.

● Prüfung des Axialspiels der Wellen mit Messplatte (BMW-Spezialwerkzeug) ist der BMW- oder Fachwerkstatt vorbehalten.

● Axialspiel der Zahnräder der Abtriebswelle mit Fühlerlehre prüfen (Bild 99). Gegebenenfalls Axialspiel mittels dünnerer oder dickerer Distanzscheiben einstellen lassen.

12.3 Montage

● Sämtliche Lagerstellen freizügig mit Hypoidöl SAE 90 ölen.

● Segment (Bild 100) einbauen. Segment 11 mit Feder 15 und Anschlag (9) in Getriebegehäuse einsetzen.

● Scheibe zwischen Feder 15 und Gehäuse nicht vergessen.

● Führungsnut in Segment auf Stift im Gehäuseboden stecken.

● Schaltwelle einführen, bis Bohrung der

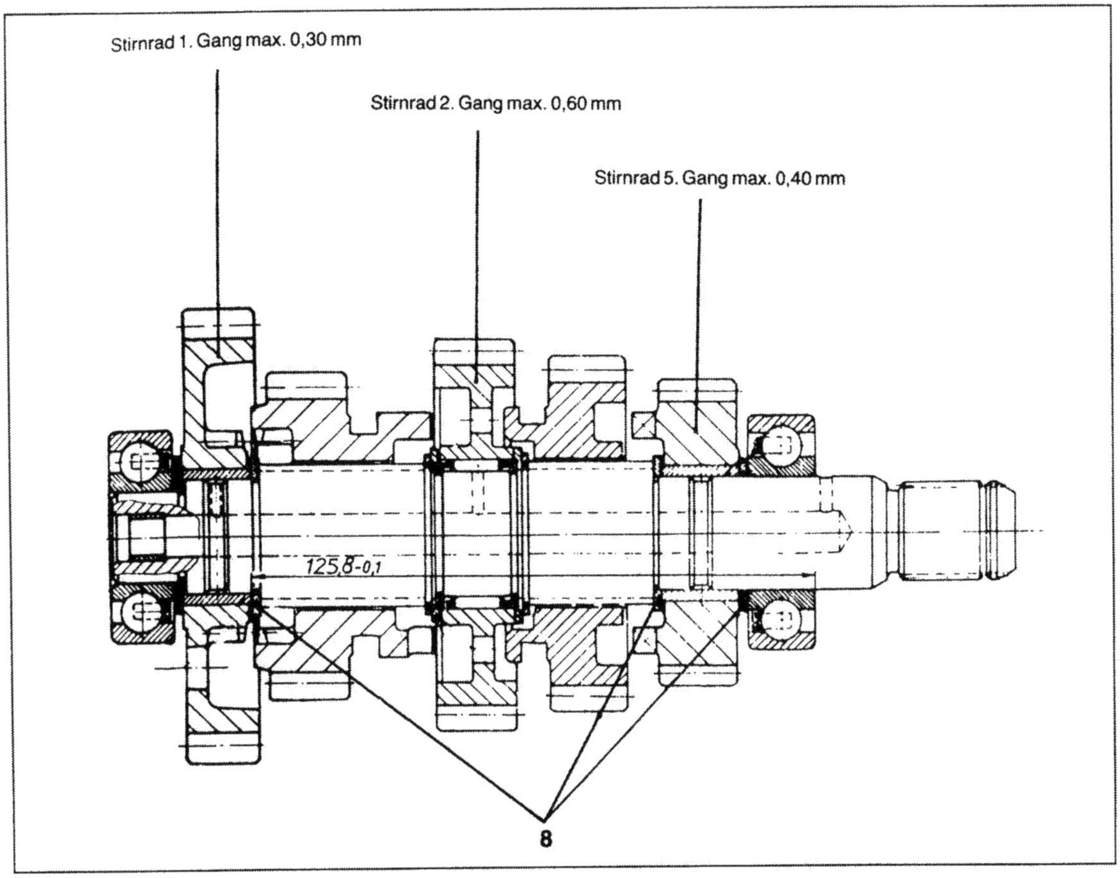

Bild 99
Axialspiel der Abtriebswelle prüfen
8 Distanzscheiben

Schaltwelle in Gewinde des Segments sichtbar wird und Schaftschraube (3) eindrehen (17 ± 2 Nm; flüssige Schraubensicherung beigeben).

- Anschlag (9) Bild 100 mit Sicherungsringen (4) Bild 97 sichern.
- Klinkenhalter so einbauen, dass Rolle des Segments in Führungsnut des Klinkenhalters eingreift (Bild 101).
- Führungsstange durch Entlüftungsbohrung einführen und mit Sicherungsring (2) Bild 97 sichern.
- Getriebegehäuse auf etwa 80° C erwärmen und Lagerschalen einsetzen.
- Antriebswelle (2) Bild 96 einsetzen und nach rechts unten wegdrücken.
- Distanzscheiben und Ölfangblech in ursprünglichen Lagerbohrungen einsetzen. Abtriebs- und Zwischenwelle gemeinsam einsetzen.
- Vor Montage der Schaltgabeln, Rollen (5) Bild 102 mit Fett auf Zapfen «befestigen».
- Schaltgabel 5. Gang (3) Bild 102 (erkennbar an Ausfräsung) mit kurzem Führungsende nach oben in Stirnrad der Abtriebswelle einsetzen.
- Schaltgabel (2) (1. und 2. Gang) mit kurzem Führungsende nach unten in Stirnrad der Abtriebswelle einsetzen.
- Schaltgabel (4) (3. und 4. Gang; schmale längliche Form) mit kurzem Führungsende nach unten in Stirnrad der Zwischenwelle einsetzen.

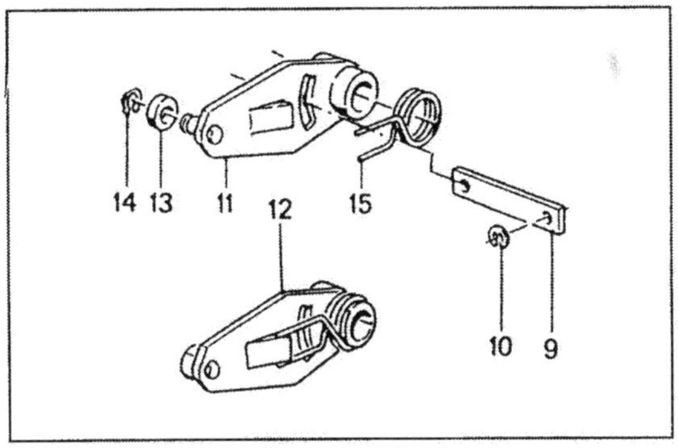

Bild 100
Schaltsegment
9 Anschlag
10 Sicherungsscheibe (2 Stück)
11 Segment
12 Segment
13 Rolle
14 Sicherungsring
15 Schenkelfeder

Bild 101
Schaltsegment greift in Schaltklinke ein

- Klinke von Hand zurückziehen und an Gehäusewand provisorisch mit zurechtgebogenem Blechstück arretieren.
- Schaltgabeln nach unten und oben drücken (Antriebswelle immer noch nach rechts unten gedrückt).

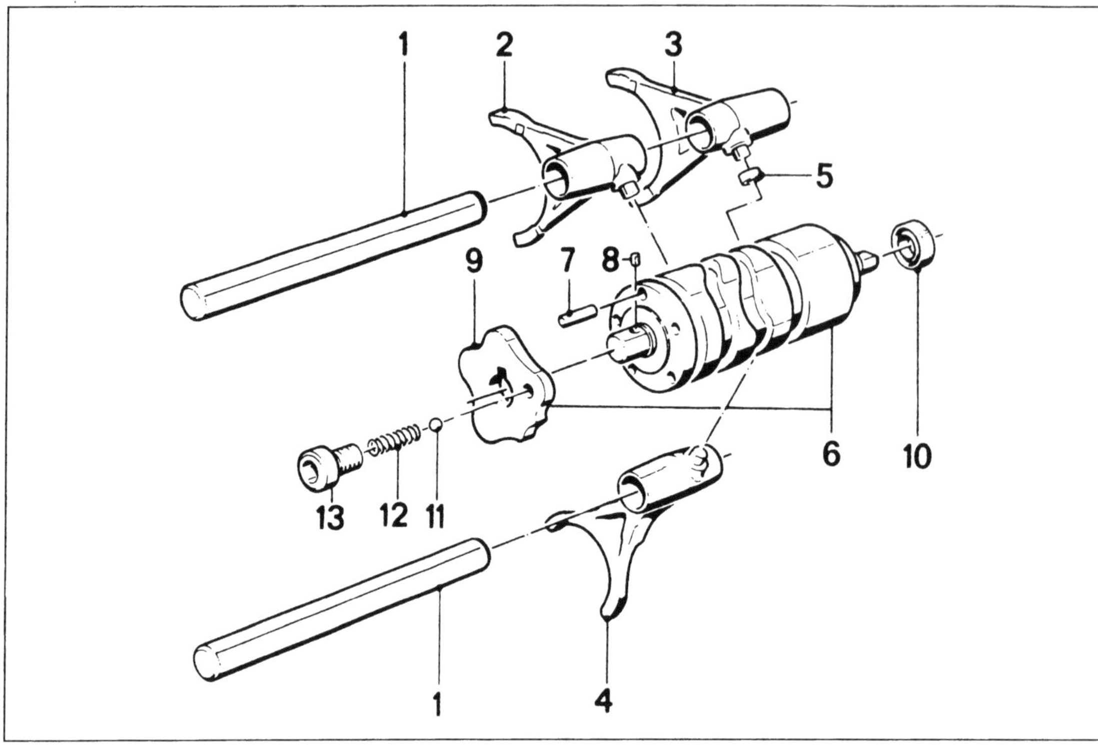

Bild 102
Schaltwalze
1 Achse
2 Schaltgabel 1. und 2. Gang
3 Schaltgabel 5. Gang
4 Schaltgabel 3. und 4. Gang
5 Rolle
6 Schaltwalze
7 Rolle
8 Spannstift
9 Stufenscheibe
10 Wellendichtring
11 Kugel
12 Schraubenfeder
13 Zylinderschraube

● Schaltwalze so einsetzen, dass Arretierung (Kugel aus Stufenscheibe in Bild 96) auf Segmentrolle zeigt und Walze in Ganganzeige eingreift.
● Schaltgabel ③ nach innen schwenken und Führungszapfen in Schaltwalze einführen.
● Zur Montage-Erleichterung Stirnrad 1. und 2. Gang mit zurechtgebogenem Draht anheben und Schaltgabel ② nach innen schwenken. Führungszapfen in Schaltwalze einführen.
● Schaltgabel ④ nach innen schwenken und Führungszapfen in Schaltwalze einführen.
● Geölte Schaltgabelschienen einschieben.
● Arretierungsblech von Klinke abnehmen und Antriebswelle in Mittelstellung schwenken.
● Getriebewellen und -Deckel in BMW-Werkstatt ausdistanzieren lassen.
● Getriebedeckel ohne Wellendichtring an Lagerstellen von Zwischen- und Abtriebswelle auf ca. 100°C erwärmen.
● Zur Gehäuseabdichtung auf öl- und fettfreie Dichtflächen dünn Loctite 573 auftragen.
● Mit geeignetem Dorn Arretierungshebel durch Montage-Bohrung ② Bild 95 festlegen und Deckel vorsichtig aufsetzen.
● Deckelschrauben anziehen (9 ± 1 Nm).
● Wellendichtring des Getriebedeckels eintreiben, bis bündig mit Deckel.
● Verschlussdeckel ② Bild 95 mit passendem Dorn eintreiben.
● Leerlaufarretierung (Kugel und Feder; Bild 102) montieren.
● Schraube 13 Bild 102 mit flüssiger Schraubensicherung eindrehen (13 ± 2 Nm).
● Falls Schaltpedal demontiert, neues Pedal so anbringen, dass Schlitzmitte auf Markierung an Schaltwelle weist (Anzugsmoment der Klemmschraube 8,5 ± 1 Nm).
● Vor Einbau des Getriebes Zentrierung der Kupplung mit Zentriervorrichtung BMW-Nr. 21 2 670 kontrollieren (Kapitel 13).
● Längsverzahnung der Antriebswelle und Spitze der Druckstange mit «Staburags» (Fettprodukt; BMW-Nr. 07 55 9 056 992) einstreichen.
● Getriebe vorsichtig (Kupplungsdruckstange mittig durch Kupplungsnabe) an Motorgehäuse heranführen.
● Getriebe genau waagrecht halten und Bohrungen Getriebe/Rahmen beachten.
● Mit sechs Befestigungsschrauben (Bild 94) Getriebe an Motor anschrauben (16 ± 1 Nm).

● Starter wieder an Getriebe-Oberseite befestigen.

13 Kupplung

13.1 Ausbau

● Kupplung nach Ausbau des Getriebes ausbauen. Sechs Befestigungsschrauben (Bild 103) schrittweise über Kreuz ausdrehen und Gehäusedeckel mit Kupplungsscheibe und Druckplatte herausnehmen.
● Kupplungsgehäuse blockieren (Bild 104) und Sechskantmutter lösen und ausdrehen.
● Druckring mit spitzer Zange entnehmen.
● Kupplungsgehäuse hin- und herbewegen, bis O-Ring auf Welle sichtbar wird. O-Ring mit Messer trennen (Bild 105) und entnehmen.
● Kupplungsgehäuse abziehen (Bild 106).
● Falls undicht, Wellendichtring (Bild 107) aushebeln.
● Seegerring ① Bild 108 an Hebelwelle ausfedern und Welle herausziehen. Hebel abnehmen.
● Schlauchband 12 Bild 109 lösen und Manschette 13 mit Feder abnehmen.
● Druckkolben 10 mit Zange herausnehmen.
● Druckstange mit passendem Dorn nach vorn austreiben (bei demontiertem Getriebe!), Lagergegenring ⑧ nach hinten herausnehmen.

Bild 103
Sechs Gehäuseschrauben ausdrehen

Bild 104
Kupplungsgehäuse blockieren und Mutter ausdrehen

◄ **Bild 105**
O-Ring durchtrennen

Bild 106
Gehäuse abziehen

◄ **Bild 107**
Wellendichtring aushebeln

Bild 108
Getriebe von hinten
1 Einstellschraube
2 Gegenmutter
3 Hebel
4 Manschette
5 Seegerring

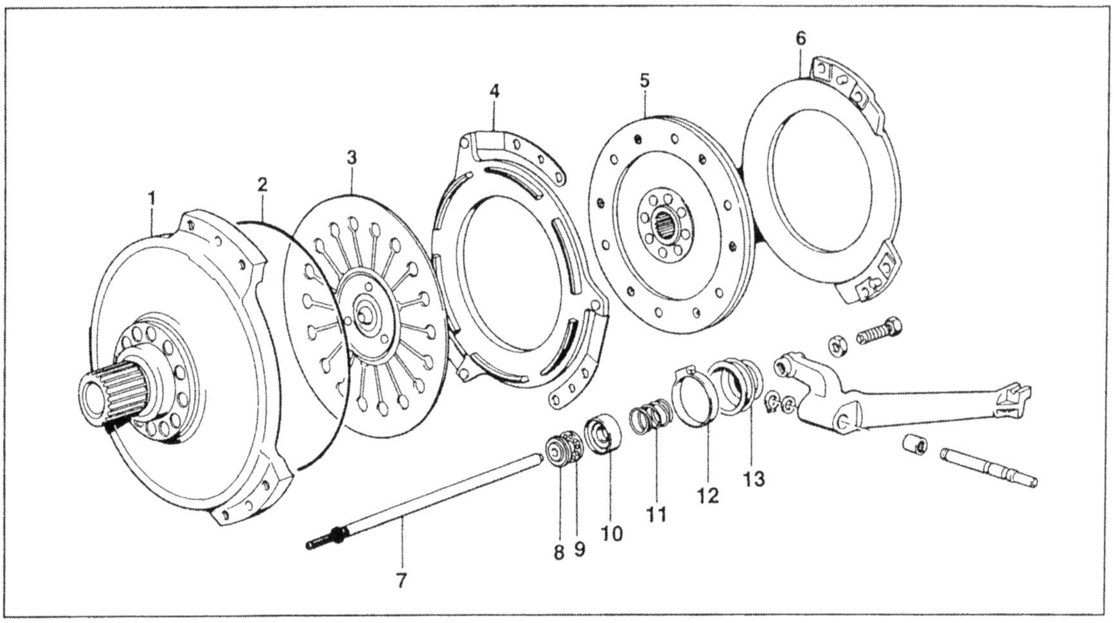

Bild 109
Kupplung
1 Kupplungsgehäuse
2 Drahtring
3 Tellerfeder
4 Druckplatte
5 Kupplungsscheibe
6 Gehäusedeckel
7 Druckstange
8 Lagergegenring
9 Kugellager
10 Druckkolben
11 Feder
12 Spannschelle
13 Manschette

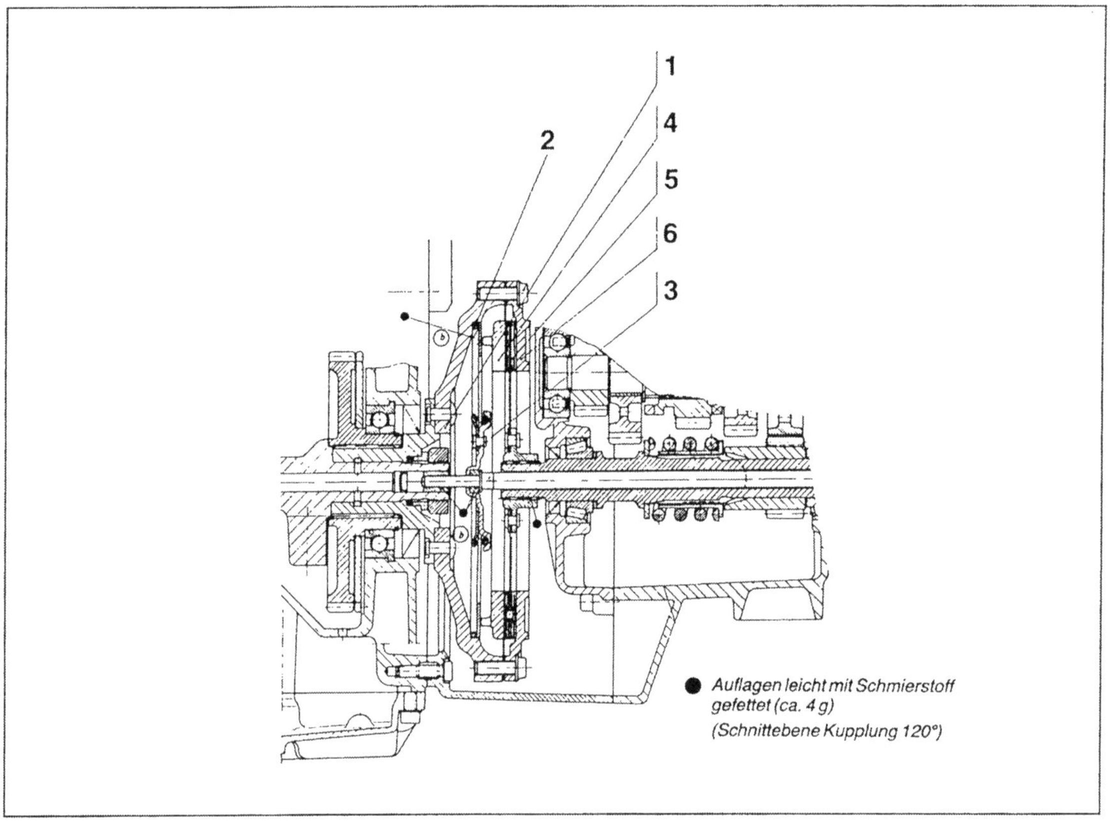

Bild 110
Schmierstellen
1 Kupplungsgehäuse
2 Drahtring
3 Tellerfeder
4 Druckplatte
5 Kupplungsscheibe
6 Gehäusedeckel

Auswahltabelle Schmierstoff:
Optimol Paste 4 g
Staburags NBU 30 PTM 4 g
Schmiergemisch Acheson:
Acheson 0,6 g
mit Solvetane 3,4 g

13.2 Prüfen und Vermessen

● Gesamtstärke der Kupplungsscheibe (Lamelle und Belag) messen. Sollwert: 5,3 ± 0,25 mm. Mindeststärke der Kupplungsscheibe 4,5 mm.

● ⚠ Kupplungsscheibe und Anlageflächen müssen absolut fett- und ölfrei sein. Falls nicht, Wellendichtring (Bild 107) der Antriebswelle auf Dichtheit untersuchen (Ölspur verfolgen).

13.3 Montage

● Kupplungsgehäuse ① Bild 109 aufsetzen und arretieren (Bild 104). Neuen O-Ring auf Welle aufsetzen.

● Druckring einsetzen und Mutter festziehen (140 + 5 Nm).

● Teile schmieren wie in Bild 110 angegeben.

● Drahtring und Tellerfeder ③ Bild 109 in Kupplungsgehäuse einlegen. Tellerfeder so einlegen, dass Mittelteil (Druckstangen-Aufnahme) nach aussen weist.

● Druckplatte ③, Kupplungsscheibe ② und Gehäusedeckel ① Bild 109 so einlegen, dass Farbmarkierungen um ca. 120° versetzt liegen.

● Kupplungsscheibe mit Zentriervorrichtung BMW-Nr. 212670 zentrieren.

● Zentrierstück an Zwischensflansch anbringen und mit Dorn Kupplung zentrieren.

● Befestigungsschrauben (Bild 103) gleichmässig über Kreuz festziehen (19 ± 2 Nm).

14 Zwischenflansch

Bild 111
Zwischenflansch-Befestigungsschrauben TORX T 30
1 Generatorantrieb

Bild 112 ►
Freilauf prüfen

Bild 113 ►
Federblech mit Fett anpappen

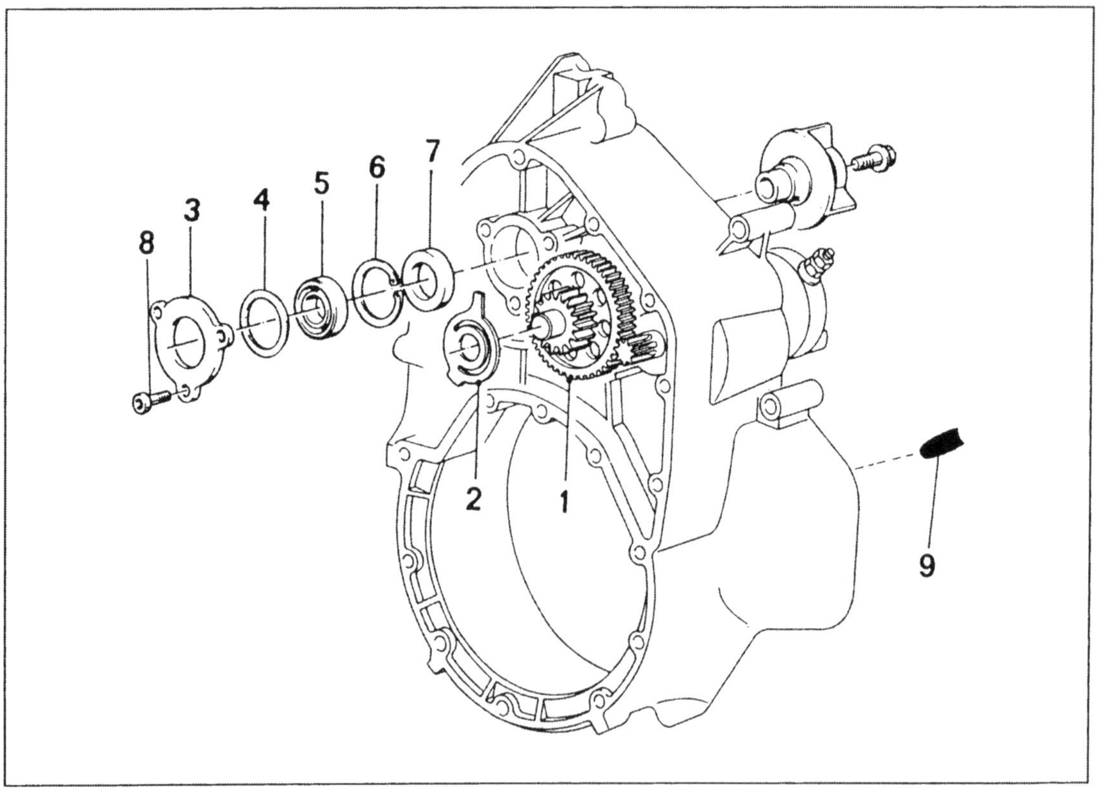

Bild 114
Zwischenflansch
1 Starteruntersetzung
2 Feder
3 Anlaufblech
4 Tellerfeder
5 Kugellager
6 Sicherungsring
7 Wellendichtring
8 Befestigungsschraube

14.1 Ausbau

● TIP Ausbau des Generator-Antrieb ① Bild 111 ist kein Muss zum Ausbau des Zwischenflanschs – macht nur Sinn zum Zerlegen des Starterfreilaufs, was der BMW-Werkstatt vorbehalten ist.
● TORX-Schrauben T 30 (Bild 111) schrittweise über Kreuz ausdrehen und Zwischenflansch abnehmen.

14.2 Prüfen und Vermessen

● Zahnräder von Starteruntersetzung und -Freilauf auf Ausbrüche in Härteschicht oder übermässigen Verschleiss und Beschädigung untersuchen.
● Freilauf muss gegen Uhrzeigersinn sperren, im Uhrzeigersinn frei laufen (Bild 112).
● Bei Unregelmässigkeiten oder Beschädigung und Verschleiss BMW-Werkstatt konsultieren.

14.3 Montage

● Auf öl- und fettfreie Dichtfläche dünn Dichtmasse (Three Bond 1207 B o. ä.) auftragen.
● Federblech mit Fett ankleben (Bild 113), zwei Passhülsen einsetzen (ganz oben und unten) und Zwischenflansch (Bild 114) vormontiert mit Freilauf (Bild 115) aufsetzen. TORX-T-30-Schrauben (Bild 111) festziehen (9 ± 1 Nm).

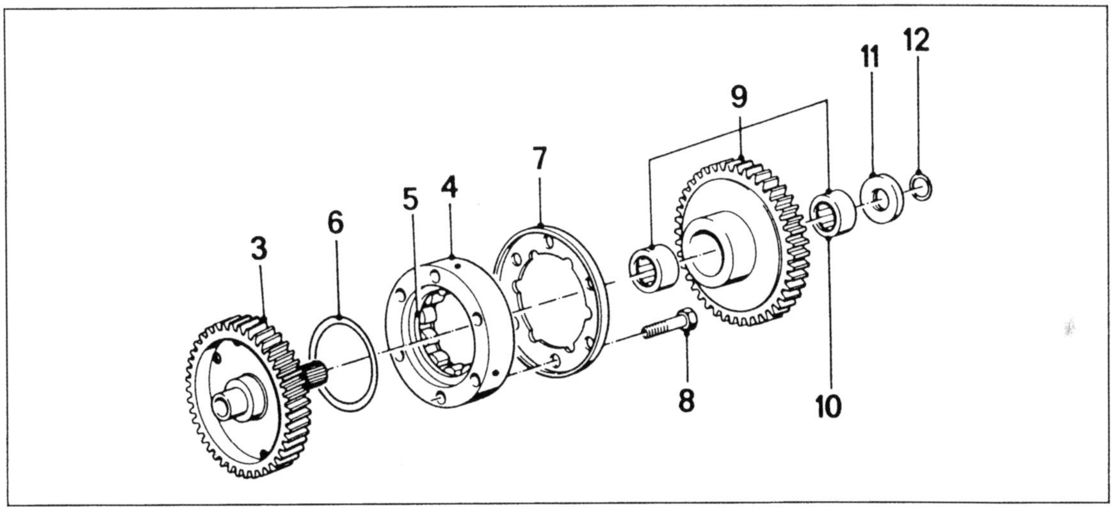

Bild 115
Nebenwelle mit Freilauf
3 Nebenwelle
4 Freilaufkäfig
5 Freilauf-Aussenring
6 Tellerfeder
7 Abdeckblech
8 Befestigungsschraube
9 Freilaufzahnrad
10 Nadellager
11 Scheibe
12 O-Ring

15 Ölwanne und Abtriebswelle

Bild 115 a
Befestigungsschrauben Ölwannendeckel

Bild 115 b
Befestigungsschrauben Ölwanne und Lagerschild
1 18 ± 2 Nm
2 40 ± 5 Nm

15.1 Ausbau

- Ölwannendeckel nach Ausdrehen der Befestigungsschrauben (Bild 115 a) abnehmen. Deckel gegebenenfalls mit leichten Gummihammerschlägen lockern.
- Zuerst äussere Innensechskantschrauben SW 5 (Bild 115 b) lockern, dann Lagerschildschrauben ① und ② der Abtriebswelle ausdrehen.
- Ölwanne und Abtriebswelle abnehmen. Auf Verbleib der O-Ringe und Passhülsen achten.

15.2 Prüfen und Vermessen

- Zahnrad der Abtriebswelle auf Ausbrüche in Härteschicht oder übermässigen Verschleiss und Beschädigung untersuchen.
- Welle in Lagern drehen und auf Geräusche und Laufwiderstände prüfen.

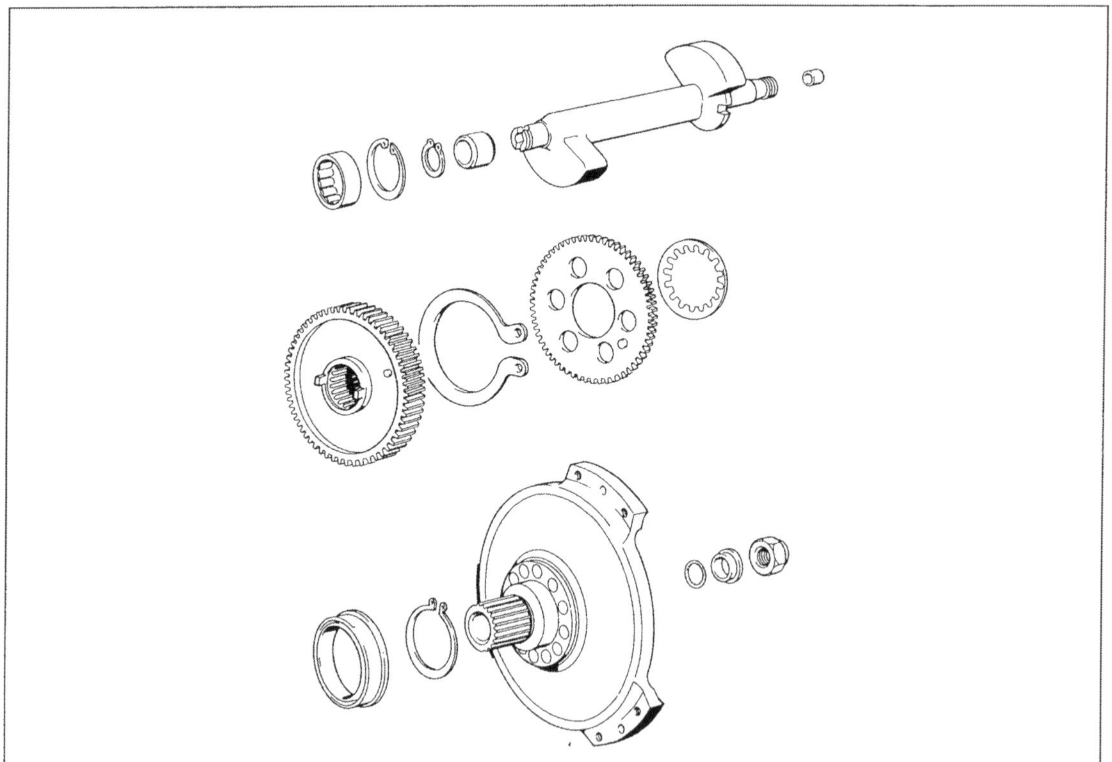

Bild 115 c
Abtriebswelle

● Bei Unregelmässigkeiten oder Beschädigung und Verschleiss BMW-Werkstatt konsultieren.

15.3 Montage

● Kurbelwelle soweit drehen, bis Markierung am Zahnrad sichtbar ist.
Abtriebswelle (Bild 115c) so einsetzen, dass Markierungen beider Zahnräder genau fluchten (Bild 87, Seite 46).

● ⚠ Lage der Zahnräder zueinander darf nicht verändert werden, da andernfalls starke Vibrationen entstehen (Unwucht).

● Abtriebswelle vorn (Ölpumpenseite) mit Lageraussenring so einlegen, dass Stoss des Sicherungsrings genau mit Dichtfläche fluchtet.

● Passhülsen und O-Ringe (leicht geölt) einlegen (Bild 115d). Auf öl- und fettfreie Dichtflächen dünn Dichtmasse (Three Bond 1207 B o. ä.) auftragen.

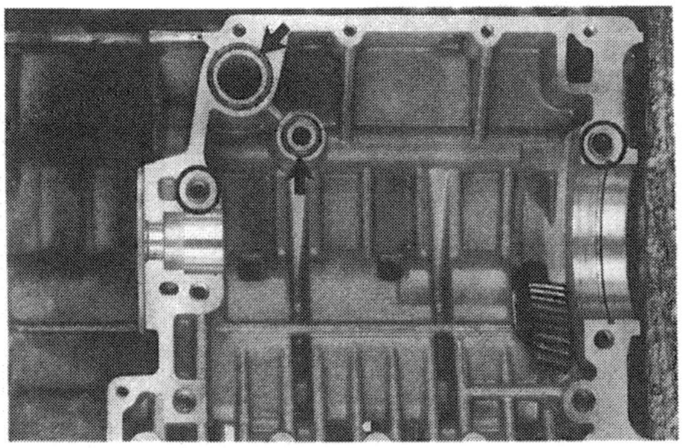

Bild 115 d
Passhülsen und O-Ringe einlegen

● Zuerst Lagerschildschrauben ① und ② der Abtriebswelle abwechselnd anziehen (① 18 ± 2 Nm; ② 40 ± 5 Nm), dann äussere Innensechskantschrauben SW 5 (7 ± 1 Nm; Bild 115b).

16 Heckpartie

Bild 116
Radschrauben ausdrehen

Bild 117
Winkeltrieb ausbauen

Bild 118
Schwingen-Festlager rechts

Bild 119
Einstell-Lager links

16.1 Ausbau

● ⚠ Hauptständer gegen Einklappen sichern, indem er mit Vorderrad verzurrt wird oder Maschine mit Kiste o. ä. untermauern.

Laufrad

● 1. Gang einlegen, vier Radschrauben lösen (Bild 116) und Rad herausführen.

Bremse

● Flügelmutter ⑥ Bild 29 am Bremsgestänge ausdrehen und Sicherungsscheibe 20 Bild 124 aushebeln.

● Bremsbacken samt Federn mit kräftigem Schraubendreher aushebeln.

● Bei Scheibenbremsanlage Beläge wie in Kapitel 3.17 beschrieben ausbauen.

● Hydraulikleitung von Bremssattel abnehmen (austretendes Lecköl sofort abwischen) und Sattel nach Ausdrehen der beiden Befestigungsschrauben abnehmen.

● Bremsscheibe nach Ausdrehen von zwei Befestigungsschrauben abnehmen.

Winkeltrieb

Das Zerlegen des Winkeltriebs ist Sache der Fach- oder BMW-Werkstatt. Einzig das Erneuern eines undichten Wellendichtrings, der die Bremstrommel mit Schmierstoff versorgt, ist in Heimarbeit zu bewerkstelligen.

● Federbein ausbauen und Schwinge untermauern.

● Winkeltrieb nach Ausdrehen der Befestigungsschrauben (Bild 117) mit leichten Gummihammerschlägen von Schwinge abnehmen.

● Inneren Gehäusedeckel mit Fön auf etwa 80°C erwärmen. Bremsnockenbuchse im Winkeltrieb-Gehäuse mit passendem Dorn ca. 50 mm weit austreiben (Trennfuge Gehäuse/Deckel ist sichtbar).

● Am Gehäusedeckel Befestigungsschrauben lösen und Deckel mit Kunststoffhammer vom Gehäuse lösen.

● Deckel mit Tellerrad abnehmen und Deckel auf ca. 80°C erwärmen. Deckel vom Tellerrad abnehmen und Wellendichtring mit Dorn herausschlagen.

Schwinge

● Schalldämpfer-Befestigungsschrauben ② Bild 88 an Fussrastenplatte links lösen. Befestigungsschrauben der Fussrastenplatten links und rechts ausdrehen und Platten abnehmen.

● Kupplungszug aus unterer Aufnahme aushängen.

● Linken Lagerzapfen (Bild 119) ausbauen. Gegenmutter lösen und Lagerzapfen am Innensechskant ausdrehen.

● Drei Befestigungsschrauben des rechten Lagerzapfen ausdrehen, M 6-Schraube mit Gegenmutter in mittiges Gewinde eindrehen, Gegenmutter kontern und Lagerzapfen an Schraube mit Drehbewegung «herausnoddeln».

● Schwinge herausnehmen.

● Schwingenlager in BMW-Werkstatt mit entsprechenden Spezial-Abziehern ausbauen lassen.

● Gelenkwelle mit kräftigem Schraubendreher heraushebeln (Bild 120).

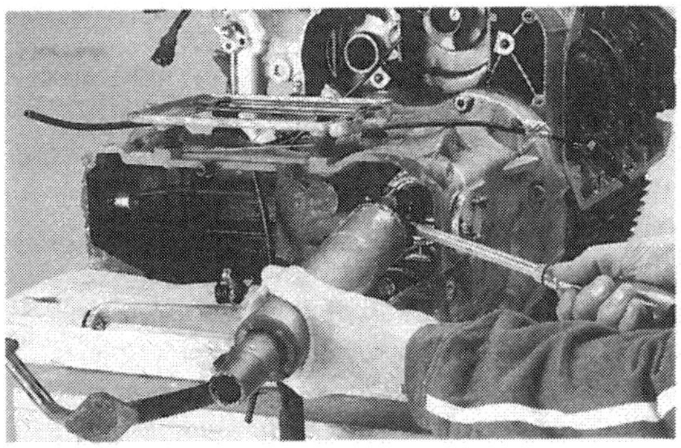

Bild 120
Gelenkwelle aushebeln
Prüfen und Vermessen

16.2 Prüfen und Vermessen

Bild 121
Belagstärke messen

● Bremstrommel auf Riefen und Scharten untersuchen.

● Innendurchmesser der hinteren Bremstrommel mit Mess-Schieber messen. Sollwert: 200 mm; Verschleissgrenze: 201,5 mm.

● Belagstärke der hinteren Bremsbeläge muss mindestens 1,5 mm betragen (Bild 121).

● Seiten- und Höhenschlag in Fach- oder BMW-Werkstatt, die über entsprechenden Adapter zur Aufnahme des Rads verfügt, Felgenschlag ohne Reifen prüfen lassen (Rad erneuern ab

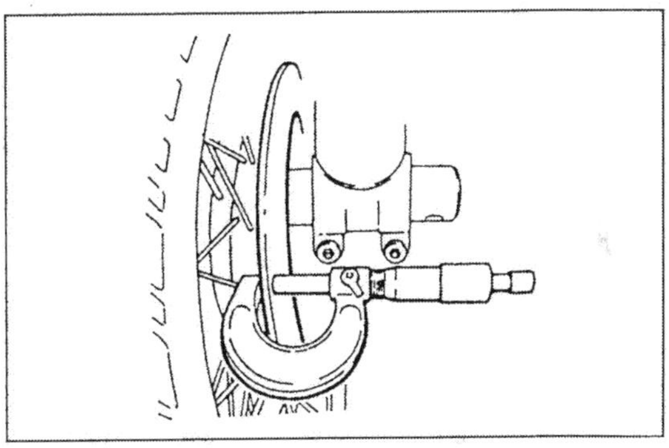

Bild 122
Scheibendicke messen

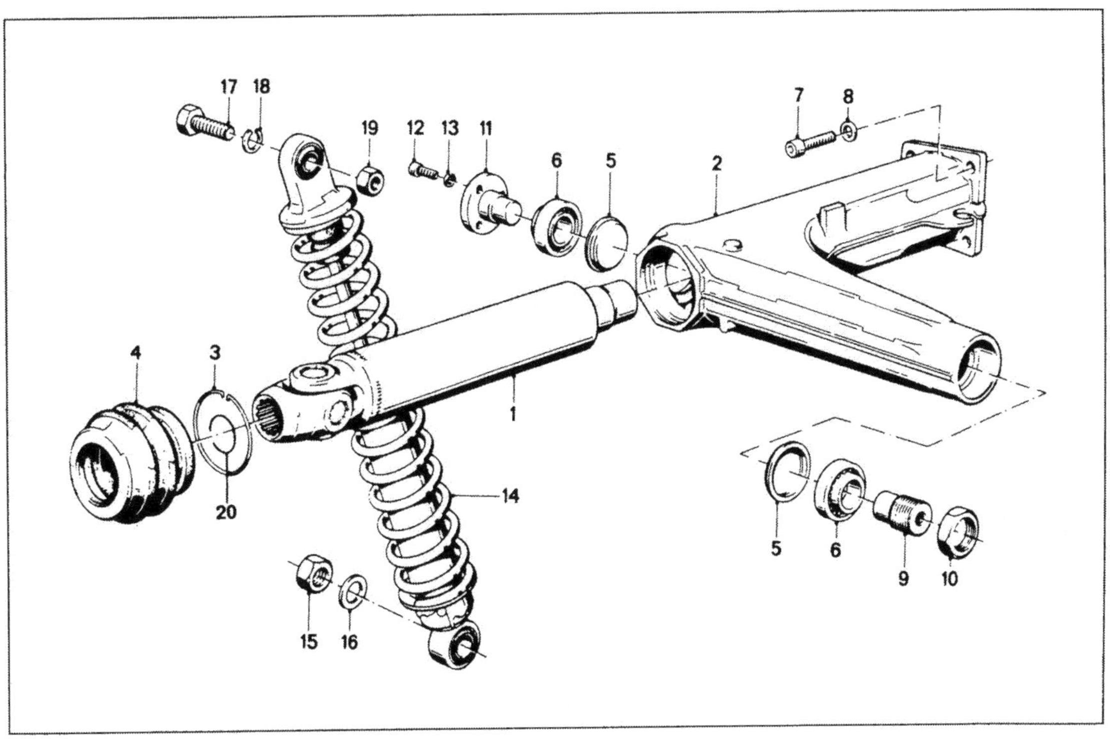

Bild 123
Federbein und Hinterradschwinge mit Gelenkwelle
1 Gelenkwelle
2 Hinterradschwinge
3 Sprengring
4 Faltenbalg
5 Abdeckscheibe
6 Kegelrollenlager
7 Zylinderschraube
8 Beilagscheibe
9 Lagerzapfen
10 Sechskantmutter
11 Lagerzapfen
12 Zylinderschraube
13 Federscheibe
14 Federbein
15 Sechskantmutter
16 Scheibe
17 Sechskantschraube
18 Federscheibe
19 Sechskantmutter
20 Sprengring

0,5 mm Seiten- oder Höhenschlag).

● Bremstrommel mit Messuhr auf Unrundheit prüfen. Unrunde Trommeln von BMW- oder Fachwerkstatt ausdrehen lassen (Verschleissmass beachten!).

● Dicke der Bremsscheibe mit Mikrometer messen (Bild 122; Mindestmass 3,5 mm).

● Wirkung des Federbeins durch mehrmaliges Einfedern prüfen.

● Alle Schraubverbindungen auf Festsitz prüfen.

● Schwinge am Endantriebsgehäuse fassen und hin- und herrütteln. Falls Spiel festgestellt wird, Schwingenlager nachstellen.

● Kreuzgelenk der Welle gegeneinander verdrehen (längs und quer), um Spiel im Gelenk prüfen. Gegebenenfalls erneuern lassen.

16.3 Montage

Schwinge

● Faltenbalginnen- und -aussendichtflächen ④ Bild 123 mit Staburags N3U 30 PTM oder Optimol Paste PL bestreichen.

Faltenbalg mit richtiger Seite (Innennut) in Schwinge einsetzen.

Sicherungsring ③ so einbauen, dass offene Seite zur Rippe am Schwingenquerrohr weist.

● Verzahnung der Getriebe-Abtriebswelle und Gummimanschette mit Staburags N3U 30 PTM oder Optimol Paste PL bestreichen.

● Schwinge (ohne Gelenkwelle!) auf Getriebegehäuse aufdrücken und dabei leicht hin- und herdrehen.

● Durch vorsichtiges Zurückziehen prüfen, ob Gummimanschette am Getriebegehäuse eingeschnappt ist.

● ⚠ Schwinge nie mit montiertem Hinterradantrieb montieren, Manschette kann nicht einschnappen.

● ⚠ Schwinge unbedingt gegen Herabfallen sichern!

● Schwingenlagerzapfen 11 mit Never Seeze einstreichen und mit leichter Drehbewegung in Schwingenlagerung einführen und mit drei Schrauben befestigen (9 ± 1 Nm).

● Schwingenlagerzapfen ⑨ mit Never Seeze einstreichen und Schwinge nach links ziehen.

● Lagerzapfen einführen und von Hand in Getriebegehäuse eindrehen. Lagerzapfen anziehen (7,5 ± 0,5 Nm).

● Gegenmutter 10 aufschrauben, Lagerzapfen gegenhalten und Mutter anziehen (41 ± 3 Nm).

● Verzahnung der Gelenkwelle mit Staburags N3U 30 PTM oder Optimol Paste PL bestreichen und Welle in Schwinge einführen.

● Welle über Verzahnung schieben. Sprengring muss deutlich hörbar einrasten.

● Kupplungsseilzug und Fussrasten-Halteplatten montieren.

Hinterradantrieb

● Verzahnung am Antriebskegelrad mit ca. 4 g Staburags NBU 30 PTM Hochleistungsschmierpaste (oder gleichwertige Kupferpaste) einfetten.

● Hinterradantrieb auf Gelenkwelle aufschieben und abstützen. Befestigungsschrauben eindrehen und anziehen (Bild 117; 40 ± 3 Nm).

● Federbein am Antriebsgehäuse auf Gewindestift aufsetzen und obere Pass-Schraube durch Rahmen und Dämpfer-Auge einführen.

● [TIP] Damit Gummilager beim Anziehen nicht verspannt, Verschraubung an Mutter festziehen; Schraube gegebenenfalls gegenhalten, Anzugsmoment oben und unten 51 ± 3 Nm.

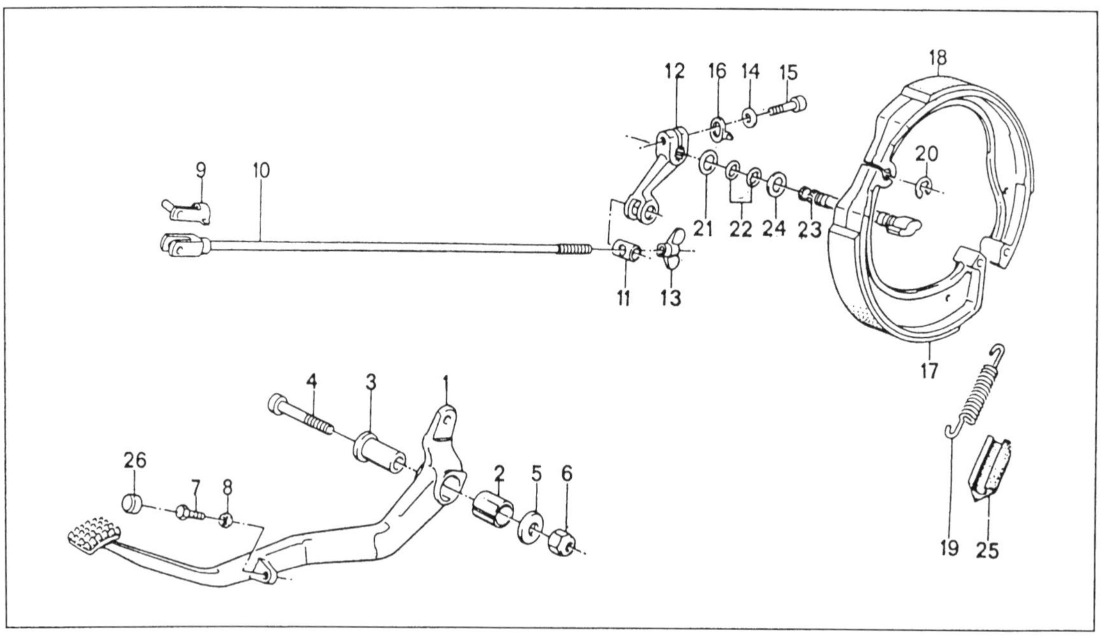

Bild 124
Hinterrad-Trommelbremse
1 Fussbremshebel
2 Buchse
3 Lagerbuchse
4 Zylinderschraube
5 Beilagscheibe
6 Sechskantmutter
7 Sechskantschraube
8 Sechskantmutter
9 Bolzen
10 Zugstange
11 Bolzen
12 Bremsschlüssel
13 Flügelmutter
14 Beilagscheibe
15 Zylinderschraube
16 Lasche
17 Bremsbacke unten
18 Bremsbacke oben
19 Zugfeder
20 Sicherungsscheibe
21 Dichtring
22 O-Ring
23 Dichtring
24 Bremsnocke
25 Dämpfer
26 Kappe

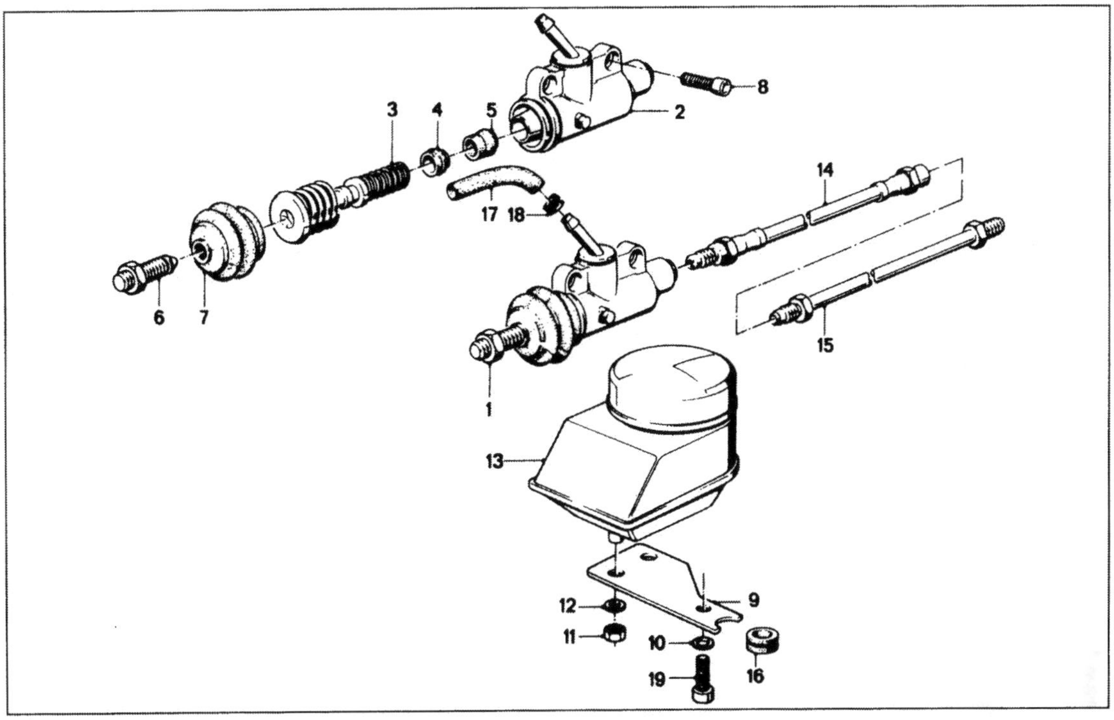

Bild 125
Hauptbremszylinder hinten
1 Hauptbremszylinder
2 Gehäuse
3 Puffer
4 Dichtung
5 Manschette
6 Stellschraube
7 Faltenbalg
8 Zylinderschraube
9 Halter
10 Beilagscheibe
11 Sechskantmutter
12 Beilagscheibe
13 Behälter
14 Bremsschlauch
15 Bremsleitung
16 Tülle
17 Schlauch
18 Schlauchklemme
19 Zylinderschraube

● Bei Trommelbremse und bei montiertem Hinterrad Zugstange durch Bremsschlüssel führen und Flügelmutter aufschrauben. Dabei Hinterrad drehen. Flügelmutter eindrehen bis Hinterrad gerade gebremst wird. Dann Flügelmutter 3 bis 4 Umdrehungen zurückdrehen (entspricht ca. 25 mm Leerweg am Bremspedal).

● Bei Scheibenbremse Bremsklötze einsetzen und Bremssattel entlüften wie im Wartungskapitel beschrieben.

● Hinterradantrieb mit Öl befüllen (Kapitel 3.13).

Hinterradbremse

● Bremsnocke 23 (Bild 124) leicht gefettet und mit zwei O-Ringen und Beilagscheibe bestückt in Gehäuse einführen.

● Bremsschlüssel 12 nach der beim Ausbau gemachten Markierung auf Bremsnocken aufsetzen.

● Klemmschraube mit Verschleiss-Anzeiger anbringen und festziehen.

● Bremsnocken und Anlaufstellen der Bremsbacken leicht (!) einfetten.

● Dämpfergummi auf hintere Zugfeder stecken und Federn von hinten einhängen. Flache Seite des Gummis weist zur Feder.

● Bremsbacken gleichzeitig an Bremsnocken und -Anker «zusammengeklappt» ansetzen, dann Bremsbacken auseinanderklappen. Bremsbacken vollständig aufschieben und Sicherungsring 20 einfedern.

●⚠ Radmittenzentrierung und Anlageflächen von Radnabe müssen peinlich sauber und fettfrei sein.

●⚠ Bei Modellen mit **Trommelbremse** nur Radschrauben mit Längenkennzahl 55 (im Schraubenkopf) verwenden.

●⚠ Bei Modellen mit **Scheibenbremse** nur Radschrauben mit Längenkennzahl 60 (im Schraubenkopf) verwenden.

● Hinterrad an Antrieb ansetzen und Radschrauben anziehen (105 Nm).

●⚠ Nach Arbeiten am Hinterradantrieb muss Bremspedalspiel neu eingestellt werden (Kapitel 3.15, Seite 19).

17 Frontpartie

17.1 Ausbau

● Für sicheren Stand der Maschine sorgen und mit Kiste oder ähnlichem so unterbauen, dass Maschine nicht unversehens nach vorn kippt.

Laufrad

● Bremssattel links und rechts von Tauchrohr abnehmen (Bild 126).

● An Steckachse Halteschraube (Pfeil Bild 127) lösen und Scheibe abnehmen.

● Jeweils zwei Klemmschrauben links und rechts lösen und Steckachse ausziehen. Auf Verbleib der Distanzstücke achten. Vorderrad nach vorn aus Gabel herausführen.

● Distanzstück zwischen den Radlagern aushebeln und Radlager schrittweise über Kreuz austreiben. Darauf achten, dass Lager nicht verkanten und so Lagersitz aufweiten (Bild 128).

● Bremsscheibe nach Lösen der vier Befestigungsschrauben abnehmen.

Teleskopgabel

Die Montage-Anweisungen gelten für linkes und rechtes Gabelbein. Zur Erneuerung der Wellendichtringe brauchen nur die Tauchrohre demontiert werden.

● Schutz-«Blech» ausbauen

● Gabelöl ablassen (Kapitel 3.18).

● Klemmschrauben der Gabelbrücken (Bilder 135 ⑮/⑳ und 136 ⑦/⑫) lockern und Gabelholme nach unten aus Brücken herausziehen.

● Tauchrohr mit beiden Bremssattelaugen in Schraubstock spannen.

● Staubschutz mit kleinem Schraubendreher aushebeln und von Standrohr abziehen.

● Federwiderlager eindrücken und Federring aushebeln (Bild 129).

Bild 126
Bremssattel-Befestigungsschrauben

Bild 127
Rad ausbauen

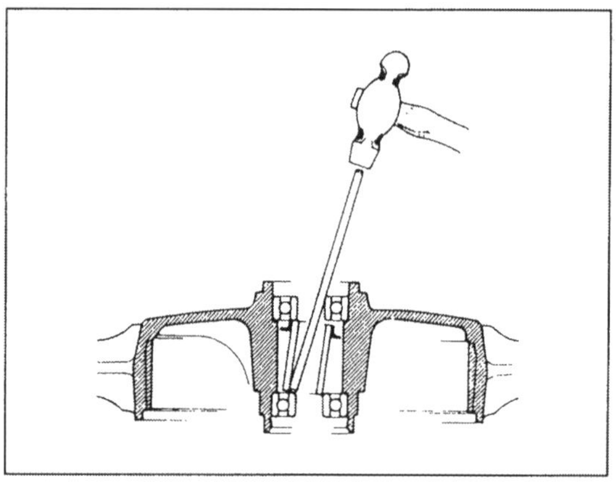

Bild 128
Lager schrittweise über Kreuz austreiben (Prinzip-Skizze)

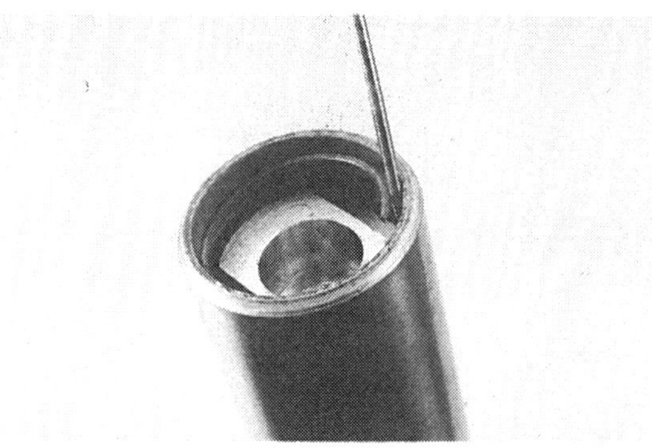

Bild 129
Federring aushebeln

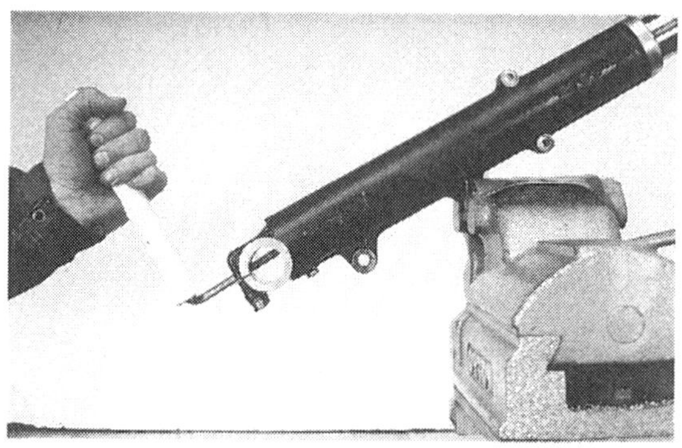

Bild 130 ▶
Untere Gabelverschluss-Schraube ausdrehen

◀ **Bild 131**
Seegerring ausfedern

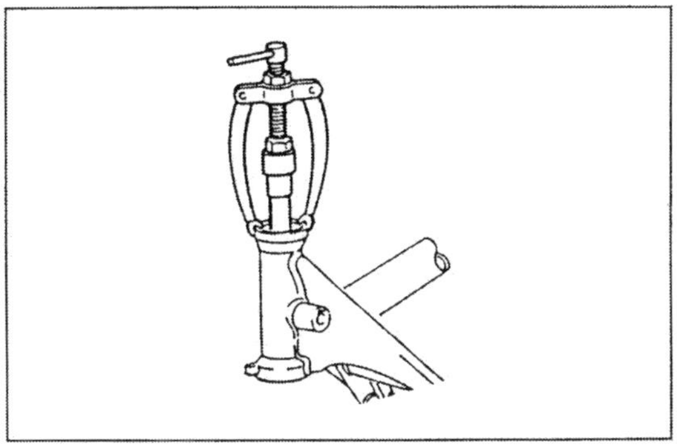

Bild 132
Lagerschalen entfernen

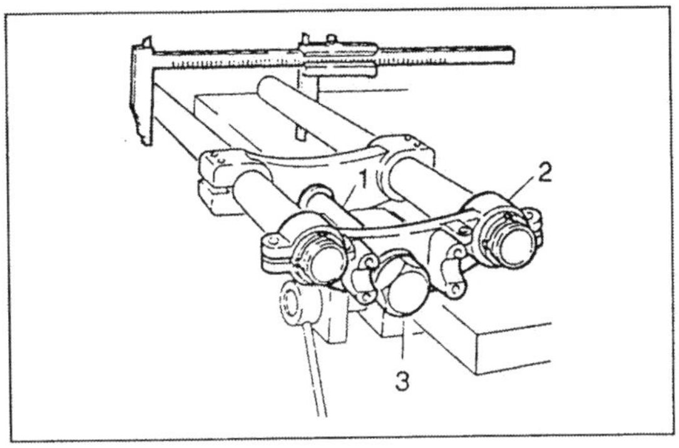

◀ **Bild 133**
Parallelität der Standrohre prüfen
1 Lenkschaftrohr
2 obere Gabelbrücke
3 Schaftrohrmutter

Bild 134
Standrohre auf Schlag prüfen

- Widerlager vorsichtig loslassen und entnehmen. Es folgen je nach Gabelausführung Distanzrohr (Sportausführung) bzw. Federauflage mit Feder(n).
- Untere Gabelverschluss-Schraube ausdrehen (Bild 130) und Tauchrohr von Standrohr von Hand abziehen.
- Wellendichtring aushebeln. Dabei Holzleiste o. ä. unterlegen, um Tauchrohr nicht zu beschädigen.
- Dämpferstange mit Rückprallfeder nach Ausfedern des Seegerings (Bild 131) aus Standrohr schütteln. Auf Distanzscheiben achten.
- Standrohrbuchse und Kolbenring der Dämpferstange mit zwei Fingern auseinanderdrücken und abnehmen (ist zur Sichtkontrolle nicht notwendig).

Lenkkopflager

- Tank abbauen.
- Scheinwerfer-/Instrumentehalter und Lenker ausbauen.
- Frühe Ausführung: Schraube ⑬ (Bild 135)

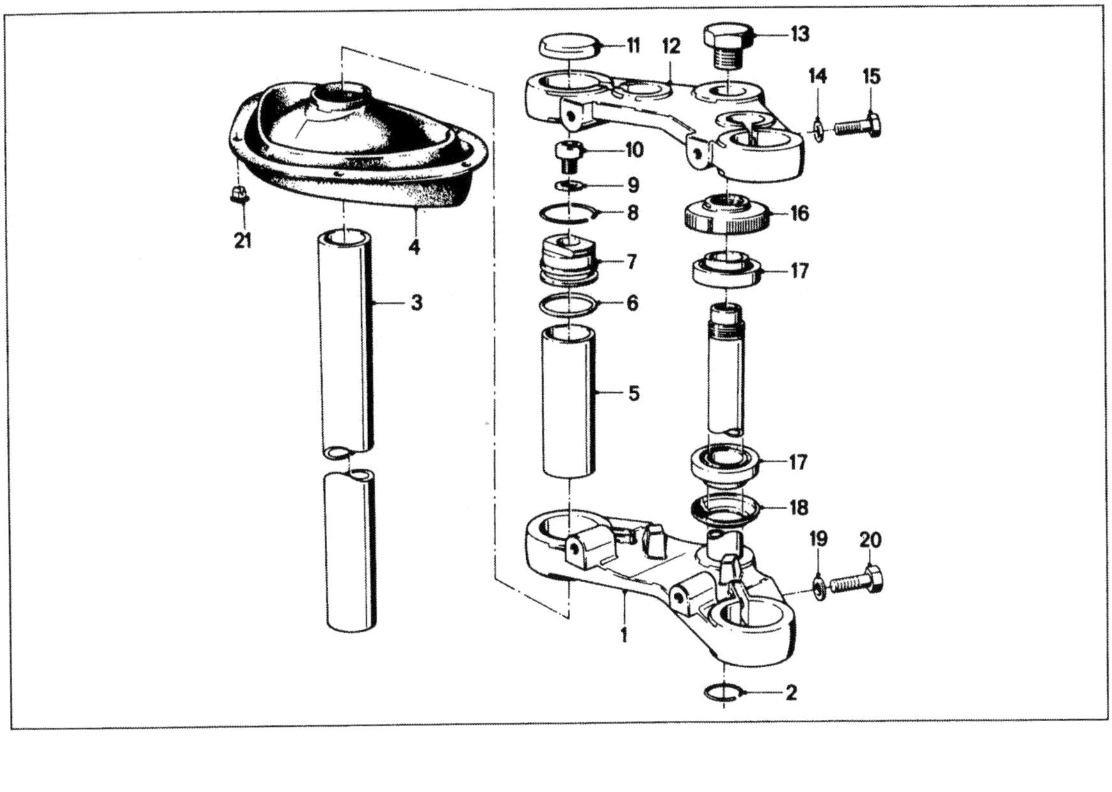

Bild 135
Lenkbrücken-Lagerung bis Fahrgestell-Nr. 0113804
1 Gabelbrücke unten
2 Sprengring
3 Standrohr
4 Dichtung (K 100 RS, RT, LT)
5 Distanzrohr
6 O-Ring
7 Federlager
8 Sprengring
9 Dichtring
10 Zylinderschraube
11 Abdeckung
12 Gabelbrücke oben
13 Schraube
14 Beilagscheibe
15 Sechskantschraube
16 Rundmutter
17 Rollenlager
18 Ring
19 Beilagscheibe
20 Sechskantmutter
21 Spreizmutter

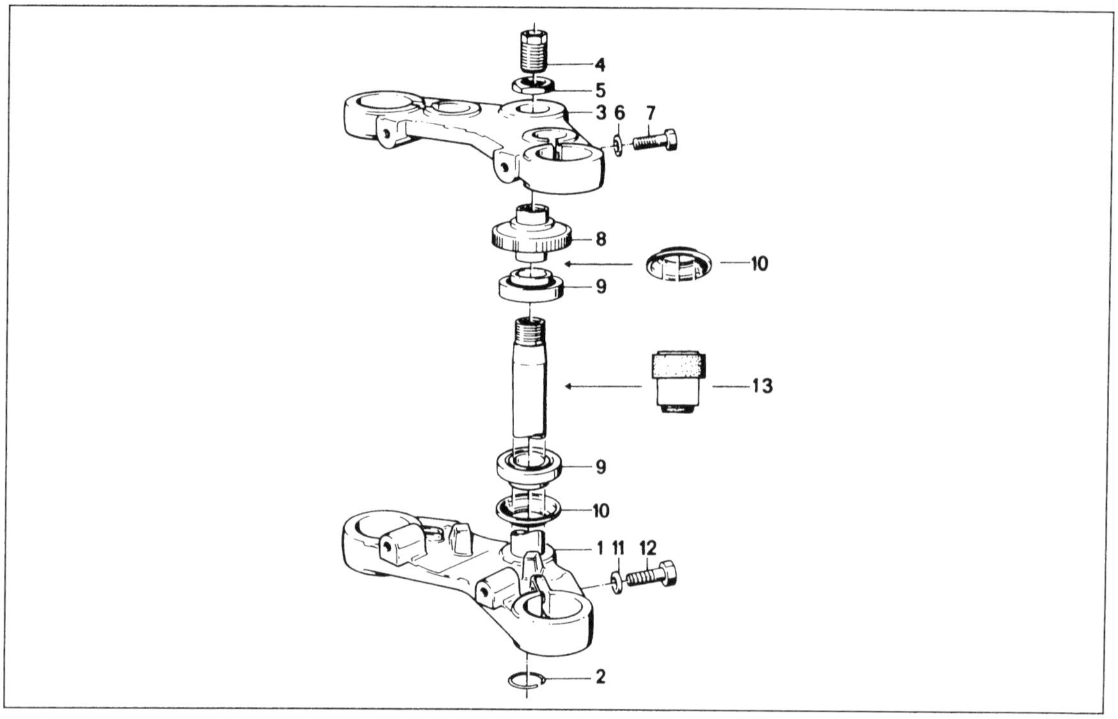

Bild 136
Lenkbrücken-Lagerung
ab Fahrgestell-Nr. 0113805
1 Gabelbrücke unten
2 Sprengring
3 Gabelbrücke oben
4 Konterrohr
5 Mutter
6 Scheibe
7 Befestigungsschraube
8 Einstellring
9 Kegelrollenlager
10 Ring
11 Scheibe
12 Befestigungsschraube
13 Fluidbloc

ausdrehen, Rundmutter 16 ausdrehen, obere Gabelbrücke abnehmen und untere Gabelbrücke nach unten herausführen. Dabei mit Gummihammerschlägen auf Steuerrohr Gabelbrücke nach unten treiben.

● Neuere Ausführung (Bild 136): Mutter ⑤ lokkern und Konterrohr ④ ausdrehen. Einstellring ⑧ ausdrehen und obere Gabelbrücke abnehmen.

● Um Beschädigung des Fluidblocs zu vermeiden, Gewinde am Lenkrohr mit 1½ Lagen Klebeband abdecken und untere Gabelbrücke nach unten entnehmen.

● Lagerlaufringe unten und oben im Lenkkopf mit handelsüblichem Abzieher (Hersteller z. B. Kukko) aus Lagersitz ausziehen (Bild 132). Steht so ein feines Werkzeug nicht zur Verfügung, Laufring mit entsprechend langem Dorn von unten schrittweise über Kreuz austreiben, um Lagersitz nicht aufzuweiten (wie Radlager-Austreiben in Bild 128).

● Zum Ausbau des oberen Lagers aus Einstellring ab Fahrgestellnr. 0113805, Lager mit Dorn gleichmässig durch Bohrung im Einstellring vom Lagerträger heruntertreiben.

● Zum Ausbau des unteren Lenklagers Lenkrohr ca. 5 mm nach unten aus Gabelbrücke ausdrükken und anschliessend wieder zurückdrücken. Den so entstandenen Spalt zwischen Lager und Gabelbrücke zum Ansetzen von passenden Abzieher benutzen und Lager abziehen. Staubring abnehmen.

● Fluidbloc ausbauen:

● Kegelschrauben links und rechts am Steuerkopf ausdrehen und Fluidbloc entnehmen.

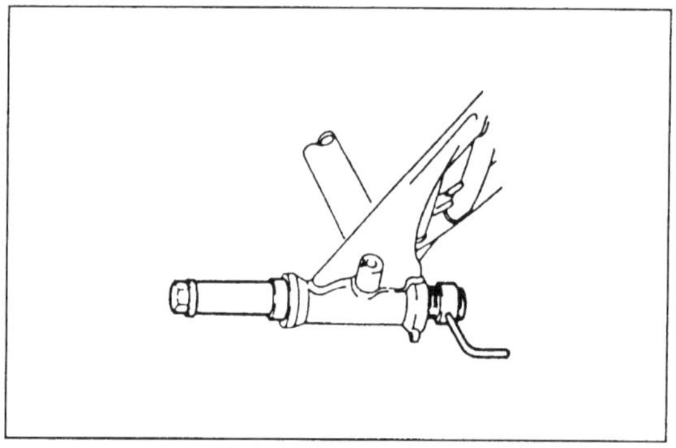

Bild 137
Lagerschalen einziehen

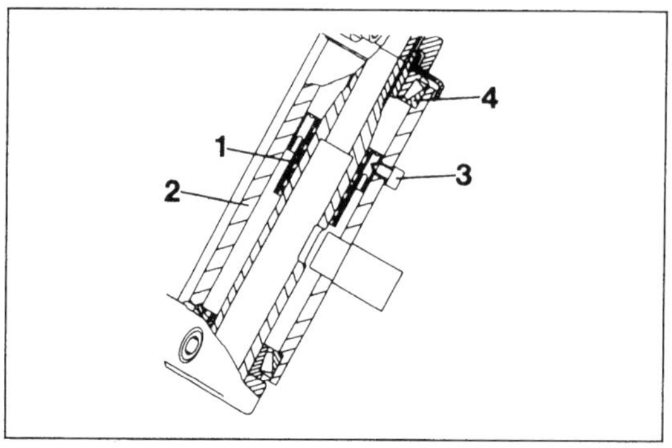

Bild 138
Fluidbloc einbauen
1 Fluidbloc
2 Steuerkopf
3 Kegelschrauben
4 Lagerschalen

17.2 Prüfen und Vermessen

Teleskopgabel

● ⚠ Verbogene Standrohre dürfen nicht gerichtet werden: Dauerbruchgefahr.

● Freie Länge der Gabelfeder messen (Sollwert: 395 + 6 mm).

● Bauteile auf Kratzer, Riefen oder anormalen Verschleiss prüfen.

● [Symbol] Untere Gabelbrücke mit neuen, auf jeden Fall einwandfreien, Standrohren prüfen:

● Standrohre in untere Gabelbrücke so einschieben, dass sie 180 mm überstehen, gemessen von Oberkante/Standrohr bis Oberseite/Gabelbrücke.

● [Symbol] Über Enden der Standrohre zwei geschliffene Messlineale legen und durch Visieren eventuellen Verzug feststellen.

● [Symbol] Parallelität der Standrohre mit Mess-Schieber prüfen (Bild 133). Es muss sich unten, mittig und oben gleiches Mass ergeben.

● [Symbol] Gabelstandrohre in Prismen legen und mit Messuhr auf Schlag prüfen (Bild 134). Maximal zulässiger Schlag: 0,1 mm. Dabei beachten, dass tatsächlicher Schlag der Hälfte des gemessenen Wertes entspricht!

Bremsanlage

● [Symbol] Verschmutze Bremsklötze reduzieren die Bremswirkung, deshalb wegwerfen. Bremsklötze austauschen, wenn Mindestbelagstärke (1,5 mm) erreicht ist.

● [Symbol] Verschmierte Bremsscheiben mit hochwertigem Entfettungsmittel reinigen. Stärke der Bremsscheiben mit Mikrometer messen (Verschleissgrenze 3,55 mm; Bild 122). Verzug der ausgebauten Bremsscheibe auf Richtplatte mit Messuhr (Verschleissgrenze 0,30 mm) messen.

● [Symbol] Kolben und Zylinder von Handpumpe und Bremssattel auf Riefen, Kratzer oder sonstige Beschädigungen untersuchen.

Laufrad

● [Symbol] Rad auf Zentrierständer lagern, Seiten- und Höhenschlag ohne Reifen mit Messuhr prüfen (maximal 0,5 mm). Unrund laufende Räder erneuern.

● Auf dem Zentrierständer auch die Unwucht des Rades feststellen (einen solchen Stützbock kann man leicht improvisieren oder selbst herstellen. Ein stabiler Schraubstock reicht oft schon aus, um die verschraubte Radachse einzuspannen).

● Wuchtung des Rads nach jedem Reifenwechsel prüfen.

Reifen muss so montiert sein, dass Ausgleichsmarke – ein Farbpunkt auf Reifenflanke – genau in Höhe des Ventils steht. Nicht mehr als 60 Gramm Wuchtgewichte anbringen.

● [Symbol] Innenlaufringe der Radlager mit Finger auf einwandfreien und geräuschlosen Lauf prüfen. Aussenlaufring muss fest in Nabe sitzen.

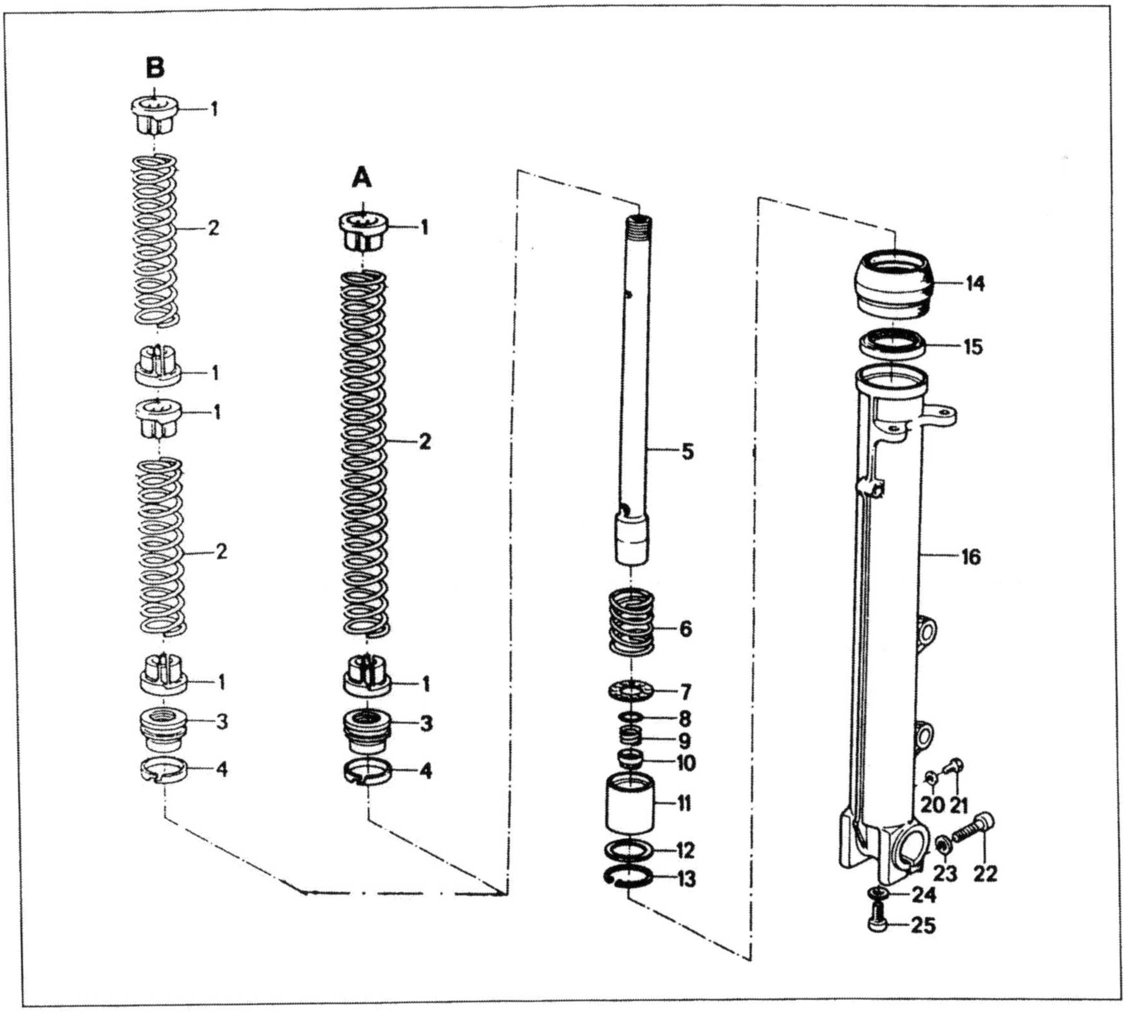

Bild 139
Teleskopgabel mit ungeteilter Feder (A) oder mit geteilter Feder (B)

1 Federauflage
2 Druckfeder
3 Kolben
4 Führungsring
5 Dämpferrohr
6 Druckfeder
7 Lochscheibe
8 O-Ring
9 Druckfeder (weich)
10 Ventil
11 Ventilgehäuse
12 Pass-Scheibe
13 Sicherungsring
14 Hutmanschette
15 Wellendichtring
16 Gleitrohr
20 Dichtring
21 Ölablass
22 Beilagscheibe
23 Klemmschraube
24 Dichtring
25 Schraube

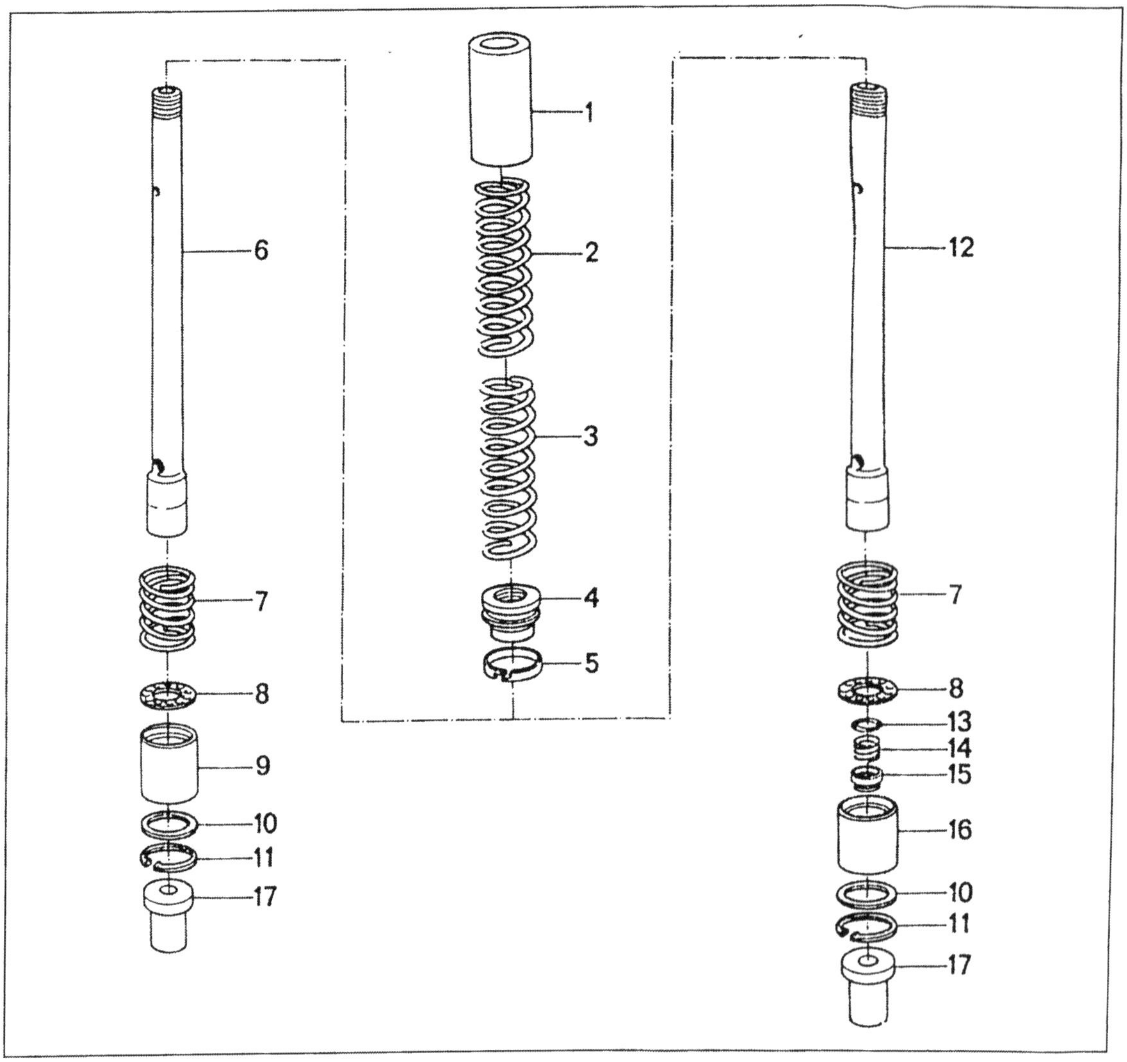

Bild 140
Teleskopgabel
Sportausführung
1 Distanzrohr
2 Druckfeder
3 Druckfeder
4 Kolben
5 Führungsring
6 Rohr rechts
7 Druckfeder
8 Ventilscheibe
9 Buchse
10 Distanzscheibe
11 Sicherungsring
12 Rohr links
13 Dichtring
14 Schraubenfeder
15 Ventil
16 Ventilgehäuse
17 Distanzstück

17.3 Montage

Lenkkopflager

● Unteren und oberen Lagerlaufkörper samt Staubdichtung mit passendem Rohrstück auf Lenkerschaftrohr/untere Gabelbrücke bzw. Einstellring auftreiben, bis es satt aufsitzt. Staubdichtung darf kein Spiel haben.

● TIP Erwärmen des Lagers auf ca. 80°C erleichtert Auftreiben.

● In oberen und unteren Lenkkopflagersitz Laufring mit passendem Rundmaterial eintreiben, falls Spezialwerkzeug zum Lagereinziehen nicht zur Verfügung steht. Darauf achten, dass Laufring nicht verkantet und so Lagersitz aufweitet.

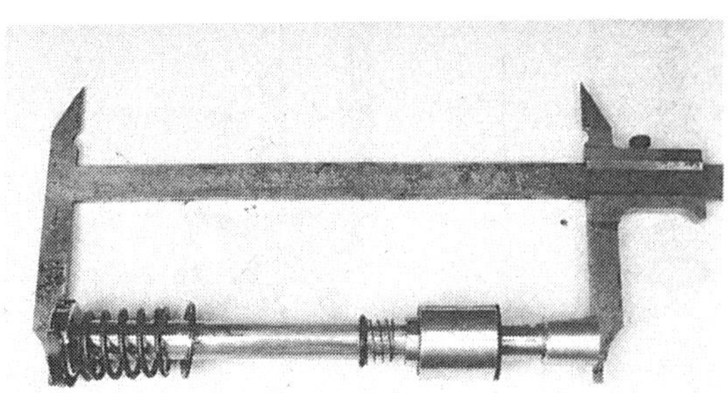

Bild 141
Länge der Dämpferstange kontrollieren

● Untere Gabelbrücke/Lenkschaftrohr mit Kegelrollenlager (gefettet) von unten in Lenkkopf einführen.

● Fluidbloc einbauen:

● Fluidbloc am grossen Durchmesser in Höhe 7 mm kennzeichnen.

● ⚠ Nur Siliconfett 300 verwenden, andere Schmierstoffe beeinflussen unkontrolliert den Reibwert.

● Kammern in Fluidbloc ① Bild 138 mit Siliconfett füllen und in Steuerrohr einsetzen bis Kennzeichnung in Gewindebohrung der Kegelschrauben erscheint.

● Kegelschrauben eindrehen.

● Lageraussenring ④ oben einziehen und Lenkkopflager einstellen.

● Gabelstandrohre bündig mit oberer Gabelbrücke einschieben. Federlager einsetzen, jedoch Klemmung nicht anziehen.

Telegabel

● ⚠ Buchsen, Kolbenringe und Wellendichtringe

gut geschmiert montieren (sauberes Gabelöl).
● Dämpferrohr bestücken und Länge kontrollieren:
● Gabel mit langer Druckfeder: 258 ± 0,5 mm
● Gabel mit geteilter Druckfeder: 260,5 + 0,3 mm
● Gabel mit Sportabstimmung: 208 ± 0,3 mm
● Gewinde der Dämpferstange muss fettfrei sein. Ein Tropfen Loctite 638 auf Gewinde geben und Kolben soweit aufschrauben, bis Einstellmass erreicht ist. Mit Heissluftfön aushärten oder bei Raumtemperatur 24 Stunden aushärten lassen.
● Dämpferrohr mit Montagebüchse BMW-Nr. 31 4 730 zusammendrücken und in Standrohr einsetzen.
● Spalt zwischen Seegerring und Ventilgehäuse mit Pass-Scheiben ausgleichen, bis kein Spiel mehr vorhanden ist.
● Neuen Wellendichtring (Beschriftung nach oben weisend) in Tauchrohr gleichmässig einschlagen, bis Wellendichtring bündig mit Tauchrohroberkante ist.
● Tauchrohr auf Standrohr mit Dämpferstange vorsichtig aufschieben.
● Staubdichtung aufsetzen (Dichtlippen gefettet).
● Untere Gabelverschluss-Schraube mit neuem Dichtring in Dämpferrohr eindrehen.
● Gabelöl-Ablass-Schraube mit neuer Dichtung eindrehen (6,5 Nm).
● Gabeltragfeder einschieben (enge Windungen nach oben weisend).
● Federaufleger einsetzen und eindrücken, bis Sicherungsfeder in Nut eingesetzt werden kann. Kunststoffkappe aufsetzen.
● Gabelholme in Gabelbrücken einschieben, bis sie bündig mit oberer Gabelbrücke abschliessen.
● Gabel befüllen wie in Kapitel 3.18, Seite 22, beschrieben.
● Lenklagerspiel überprüfen (Kapitel 3.19).
● Bei Montage des Lenkers Körnermarkierung auf Lenker beachten: Körnermarkierungen müssen sich im Klemmspalt befinden. Lenker mittig ausrichten und Befestigungsschrauben anziehen.
● Alle Leitungen und Seilzüge zwischen Rahmen und Scheinwerfer-/Instrumentehalter verlegen.
● TIP Nach Komplett-Montage der Frontpartie: Motorrad einfedern und Gabelfunktion kontrollieren. Leichte Verklemmung der Gabel (wie Neuzustand) kann bei Umbauarbeiten nie restlos vermieden werden. Daher muss mit erneuter Einlaufzeit von max. 1000 km gerechnet werden.

Laufrad

● ⚠ Vor Erwärmen der Nabe Bremsscheibe abbauen.
● Radnabe auf ca. 100° C erwärmen und Lager mit Distanzhülse einsetzen (abgedichtete Seite des Lagers weist nach aussen). Lager am Aussenlaufring mit passendem Rundmaterial nachsetzen, bis es satt aufsitzt.
● Bremsscheibe installieren und Schrauben anziehen.
● Bremsscheibe mit hochwertigem Entfettungsmittel (Bremsscheibenreiniger) reinigen.
● Vorderrad in Gabel einsetzen und leicht gefettete Steckachse einführen. Dabei rechts und links Distanzhülsen einsetzen.
● Befestigungsschraube mit Scheibe in Steckachse eindrehen.
● Damit sich Vorderachse richtig setzt, Fahrzeug gegen festen Widerstand (Wand) vorn

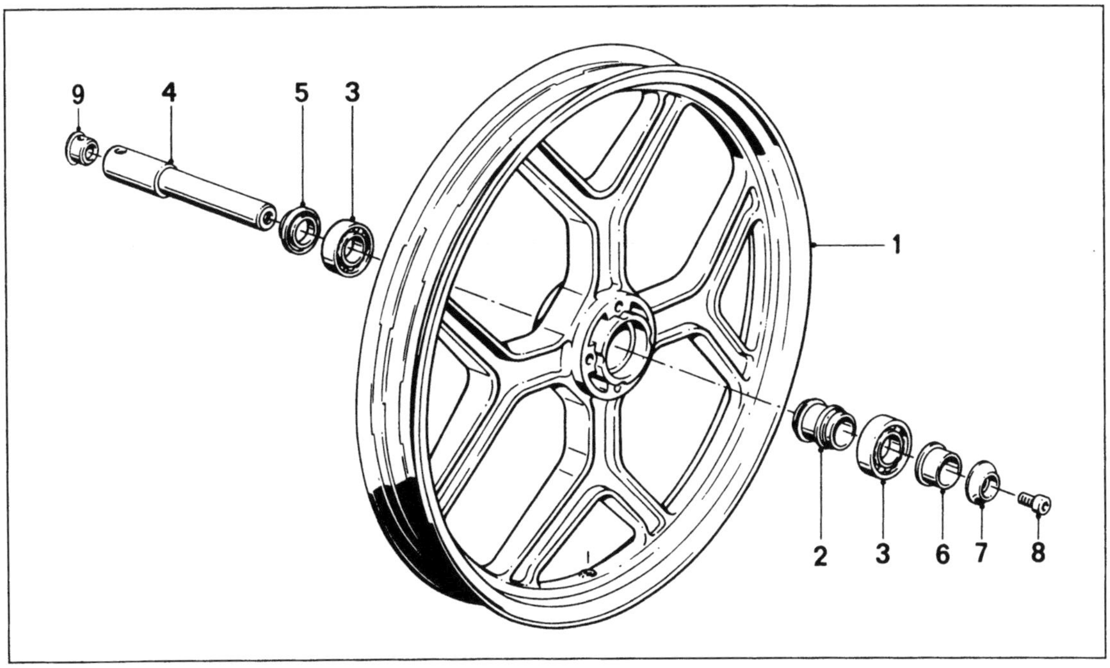

Bild 142
Vorderrad-Lagerung
1 Gussrad
2 Distanzrohr
3 Rillenkugellager
4 Steckachse
5 Buchse
6 Buchse
7 Distanzstück
8 Zylinderschraube
9 Kappe

Bild 143
Bremsleitung und -Sattel vorn
1 Bremsscheibe
2 Befestigungsschraube
3 Scheibe
4 Mutter
5 Bremssattel
6 Abdeckkappe
7 Entlüfterschraube
8 Staubschutzkappe
9 Befestigungsschraube
10 Scheibe
11 Bremsschlauch
12 Hohlschraube
13 Dichtring
14 Verteilerrohr
15 Kunststoffmutter
16 Zackenring
17 Haltebügel
18 Bremsleitung
19 Bremsschlauch
24 Zackenring

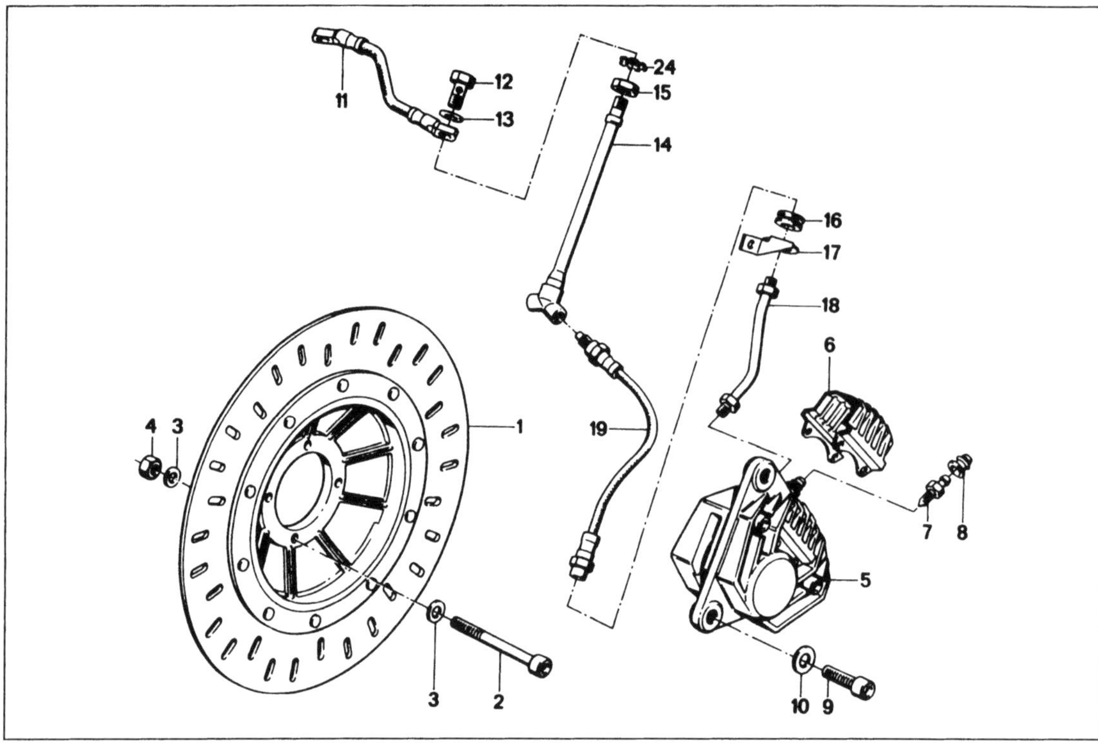

Bild 144
Griffeinheit rechts mit Bremspumpe
2 Handhebel
3 Sechskantmutter
4 Schaftschraube
5 Griffrohr
6 Griff
7 Senkschraube
8 Deckel
9 Nocken
10 Gehäuse
11 Stütze
12 Schalter mit Leitung
13 Zylinderschraube
14 Zylinder mit Kolben
15 Senkschraube
16 Senkschraube
17 Deckel
18 Distanzscheibe
19 Gummibalg
20 Behälter
21 O-Ring
22 Zylinder
23 Schraube
24 Kolben
25 Sicherungsring
26 Zylinderschraube

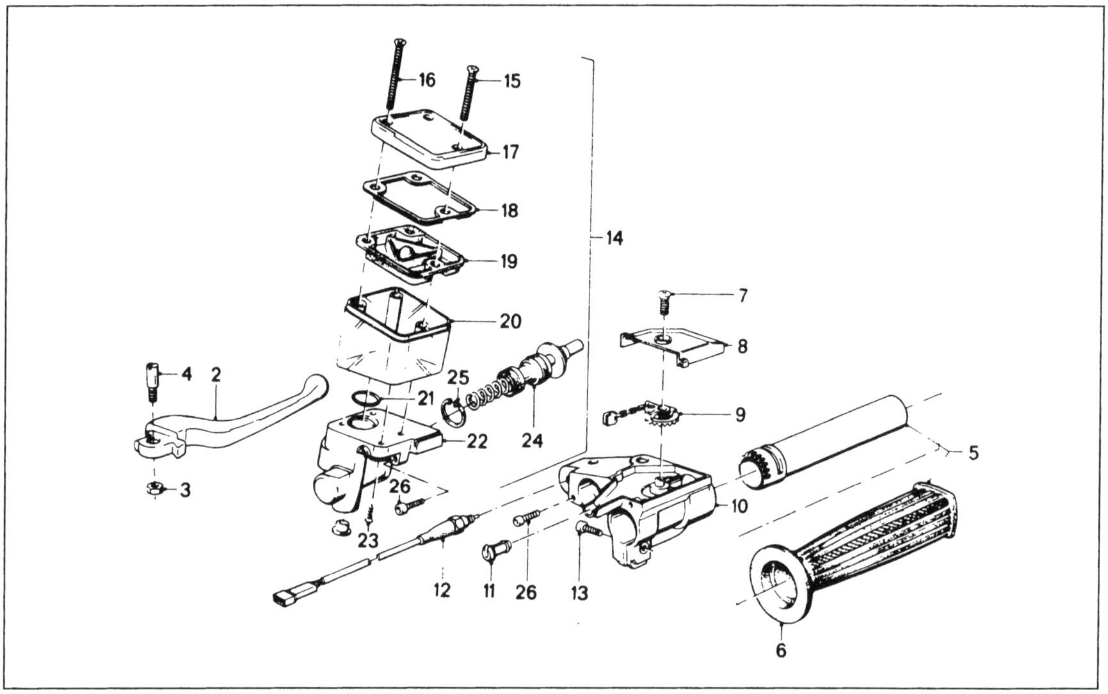

mehrmals in Federung drücken. Vorderrad nicht mit Bremse blockieren!

- Vier Schrauben in Achsklemmung eindrehen und festziehen (14 Nm).
- Bremssattel (Bild 143) am Gabelholm anbringen (32 Nm).
- Bremsleitungen an Handpumpe mit neuen Dichtringen montieren. Anzugsmoment sämtlicher Leitungsanschlüsse: 7,3 Nm.
- Montage der Handpumpe (Bild 144): Alle Teile mit sauberer Bremsflüssigkeit reinigen und anfeuchten.
- Kolben 24 mit Feder gegen Federdruck in Gehäuse einführen und Sicherungsring 25 einfedern.
- Bremsflüssigkeits-Vorratsbehälter mit neuem O-Ring am Zylindergehäuse befestigen.
- Zylindergehäuse mit Vorratsbehälter am Handhebel befestigen.
- Bremsanlage befüllen und entlüften wie im Kapitel 3.16 beschrieben. Untersuchen auf Undichtheit ist obligatorisch.

18 Kabel, Züge und Verkleidungsteile

Für die dauerhafte Funktion der Bowdenzüge und Elektrokabel ist die richtige Verlegung die wichtigste Grundvoraussetzung. Geknickte Züge scheuern durch und brechen, verklemmte Kabel können Kurzschlüsse verursachen. Die folgenden Übersichtszeichnungen helfen, Kabel und Züge exakt zu verlegen.

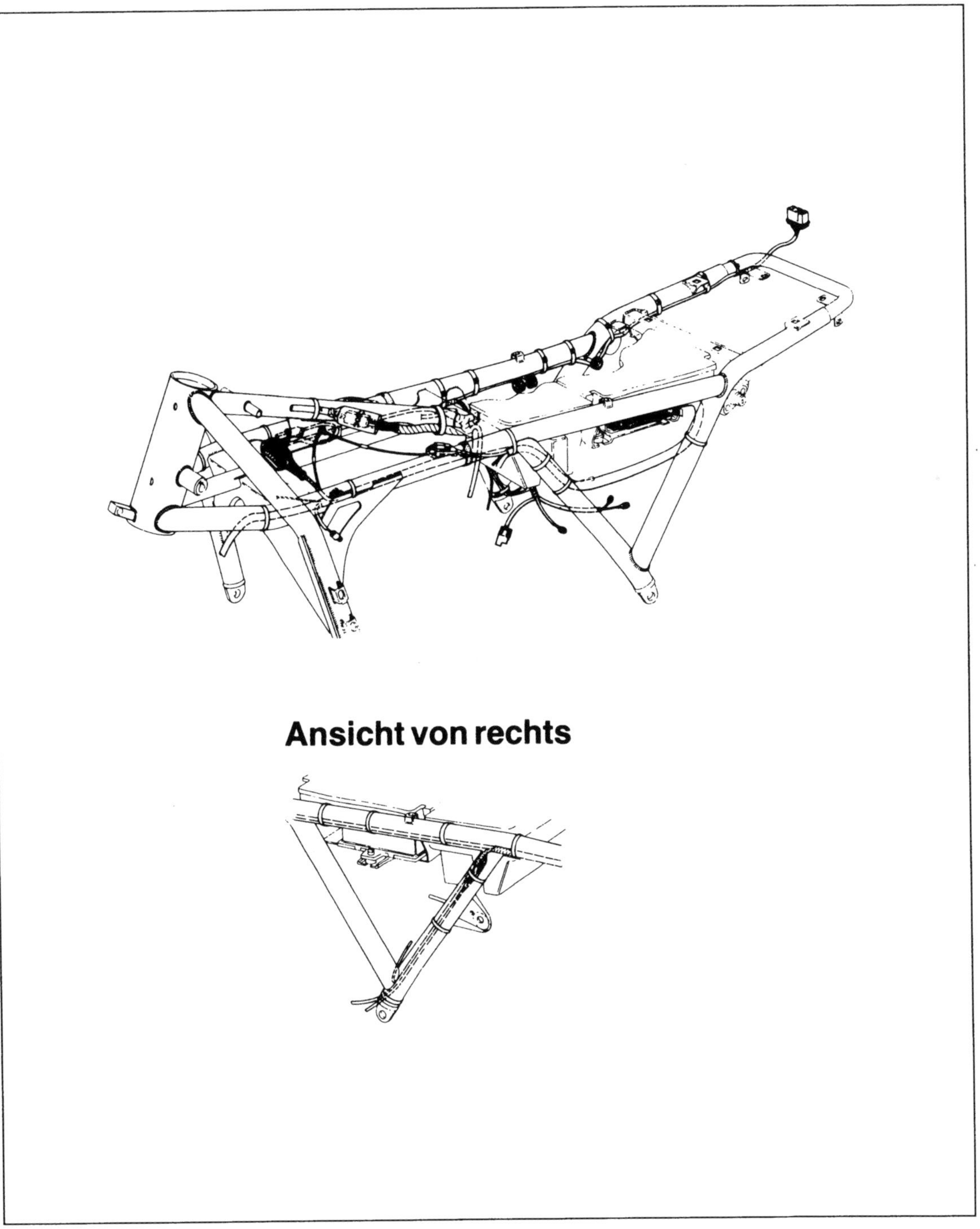

Bild 145
Anordnung der Kabelbinder an Rahmen

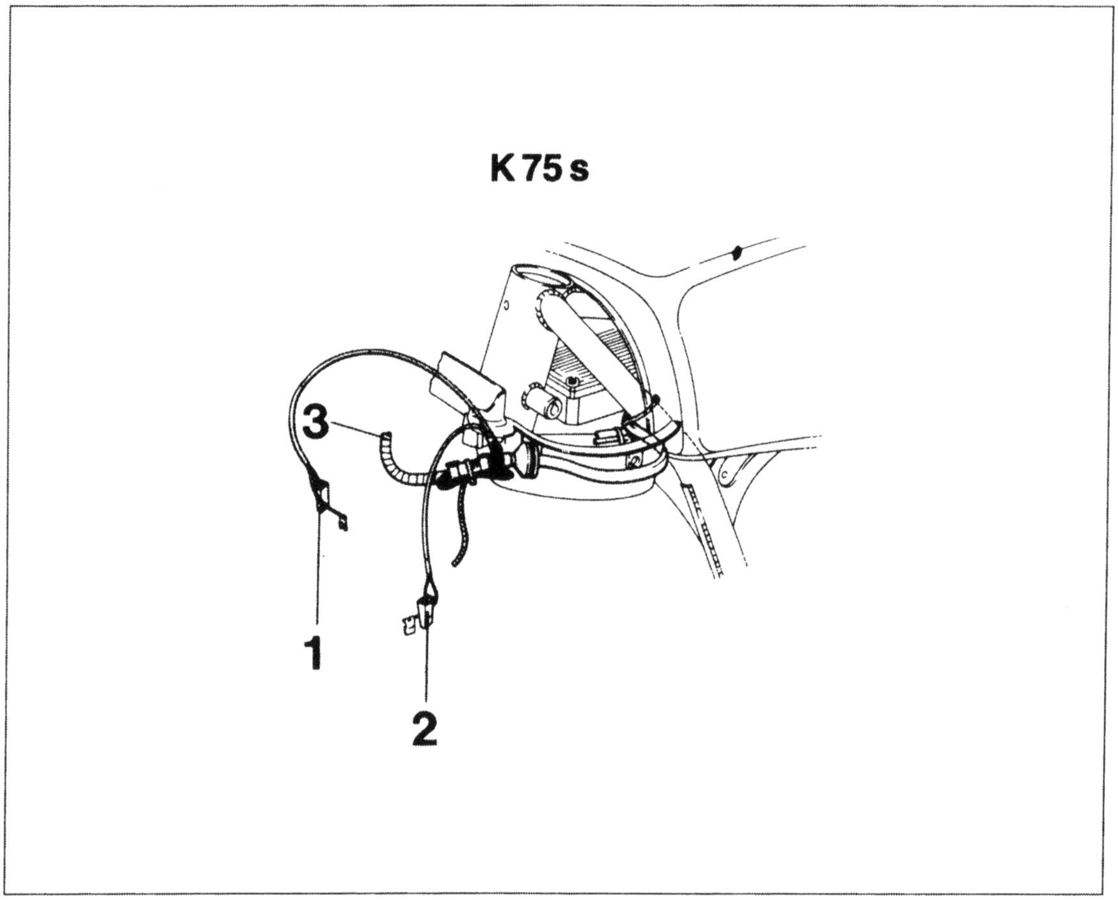

Bild 146
Kabelverlegung
1 Blinker rechts
2 Blinker links
3 Scheinwerfer

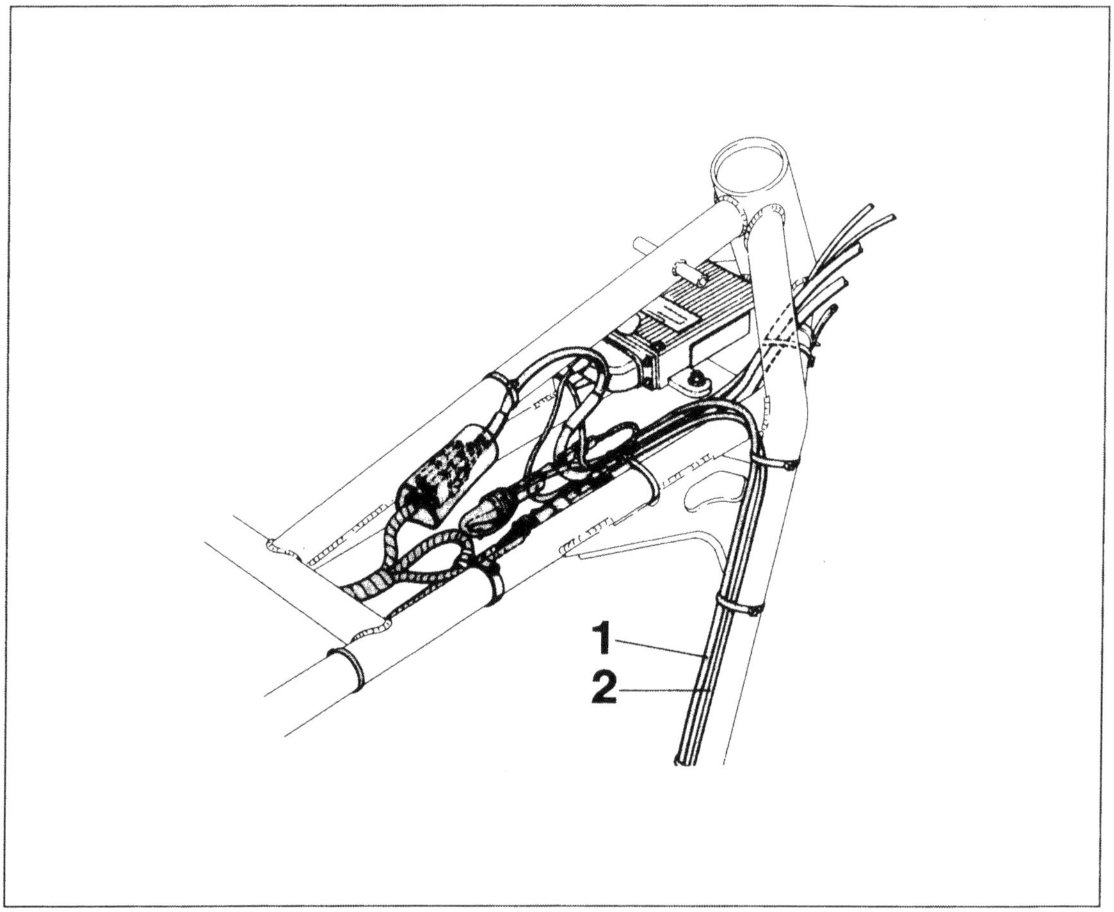

Bild 147
Kabelverlegung
1 Zündgeber-Leitung
2 Öldruckschalter-Leitung

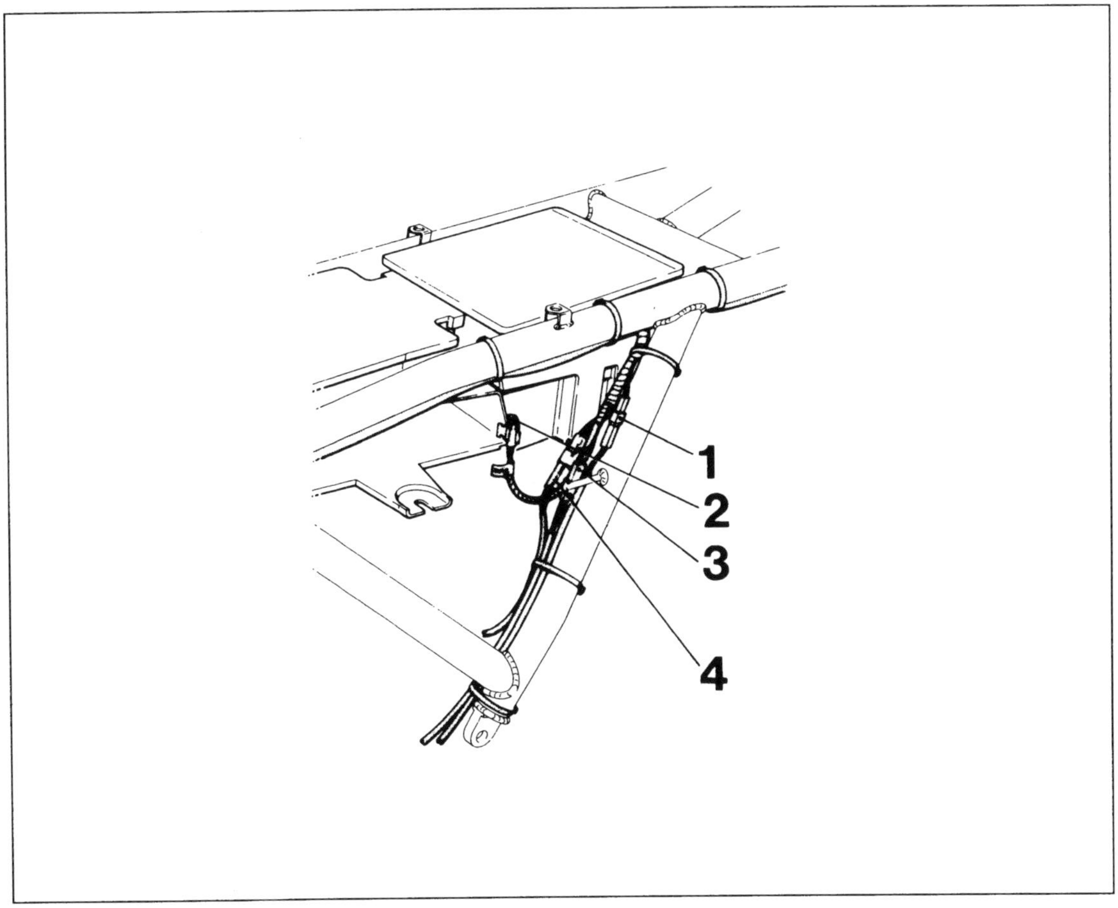

Bild 148
Kabelverlegung
1 Fussbremslichtschalter-Anschluss
2 Kraftstoffstandgeber-Anschluss (Hebelgeber und Kraftstoffpumpe)
3 Induktivgeber-Anschluss
4 Ganganzeige-Anschluss

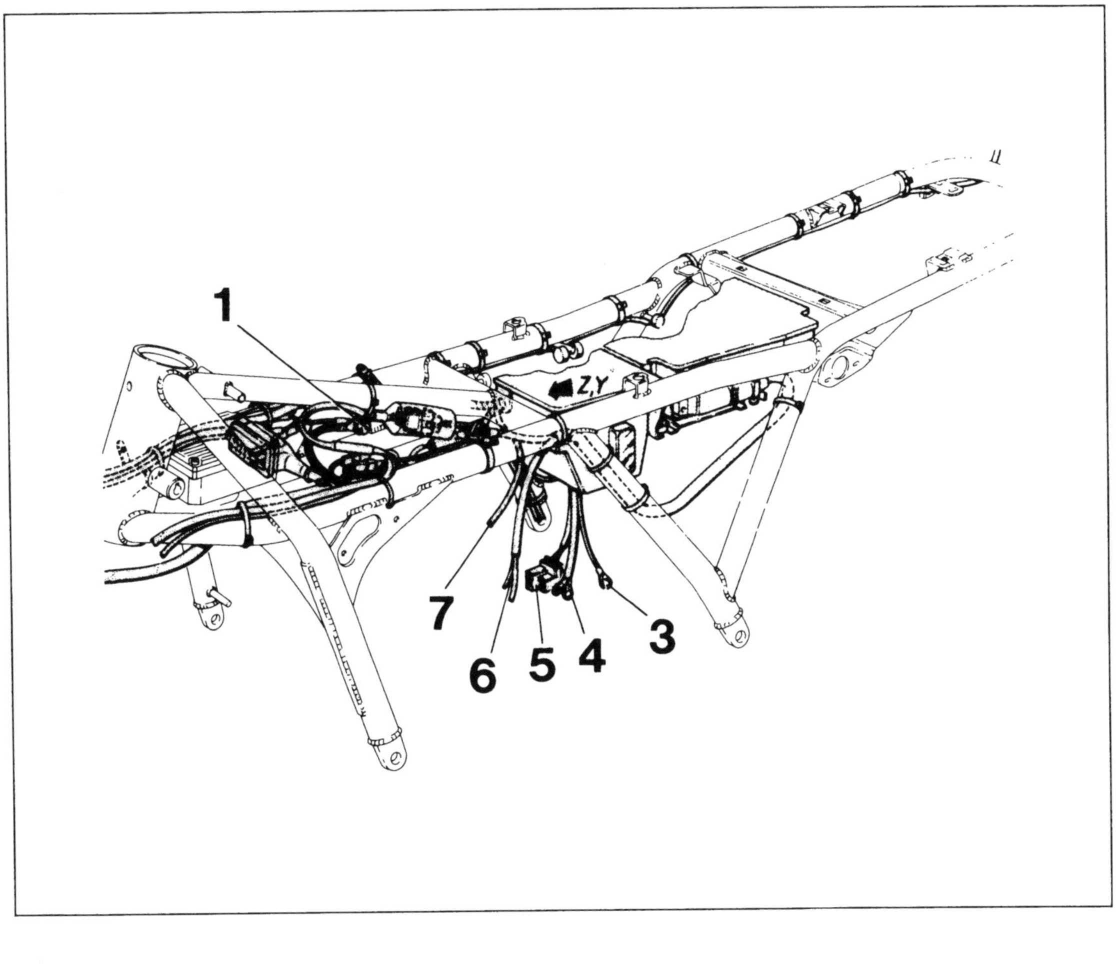

Bild 149
Kabelverlegung
1 Zentrale Masse
2 Anschluss Rückleuchte, Blinker hinten
3 Anschluss Starter
4 Anschluss Batterie +
5 Anschluss Generator
6 Anschluss Motorkabelbaum
7 Anschluss Zündspule

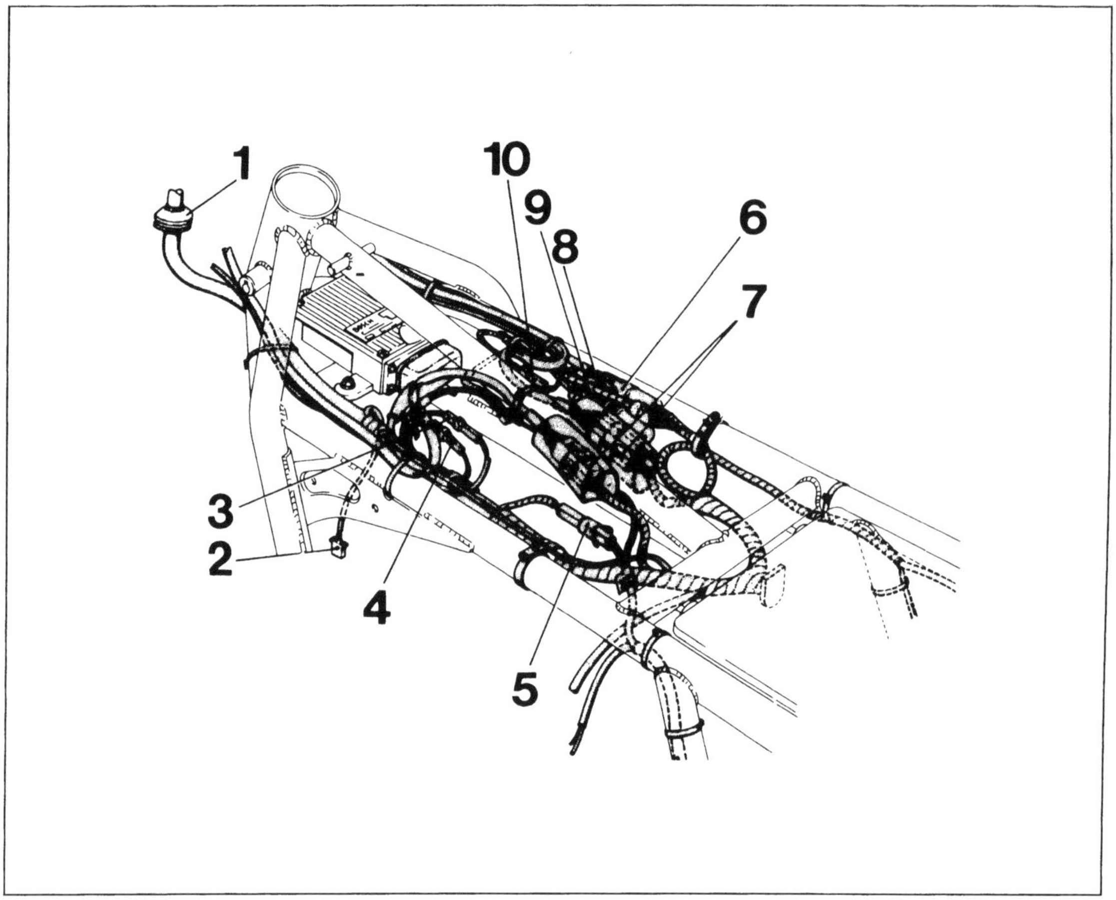

Bild 150
Kabelverlegung
1 Scheinwerfer-Anschluss
2 Lüfter-Anschluss
3 Kupplungsschalter-Anschluss
4 Chokeschalter-Anschluss
5 Motorkabelbaum-Anschluss
6 Zündschloss-Anschluss
7 Kombischalter-Anschluss links und rechts
8 Öldruckschalter-Anschluss
9 Zündgeber-Anschluss
10 Handbremslichtschalter-Anschluss

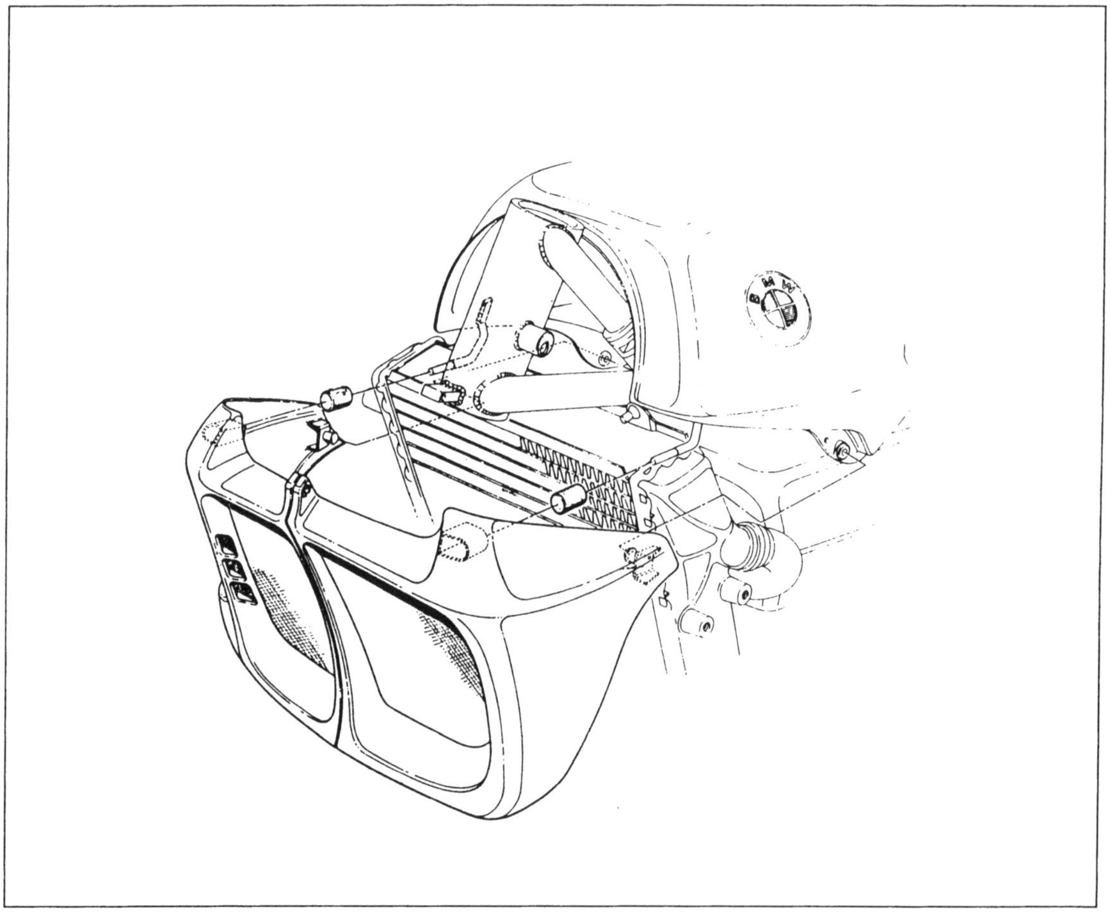

Bild 151
Kühlerverkleidung

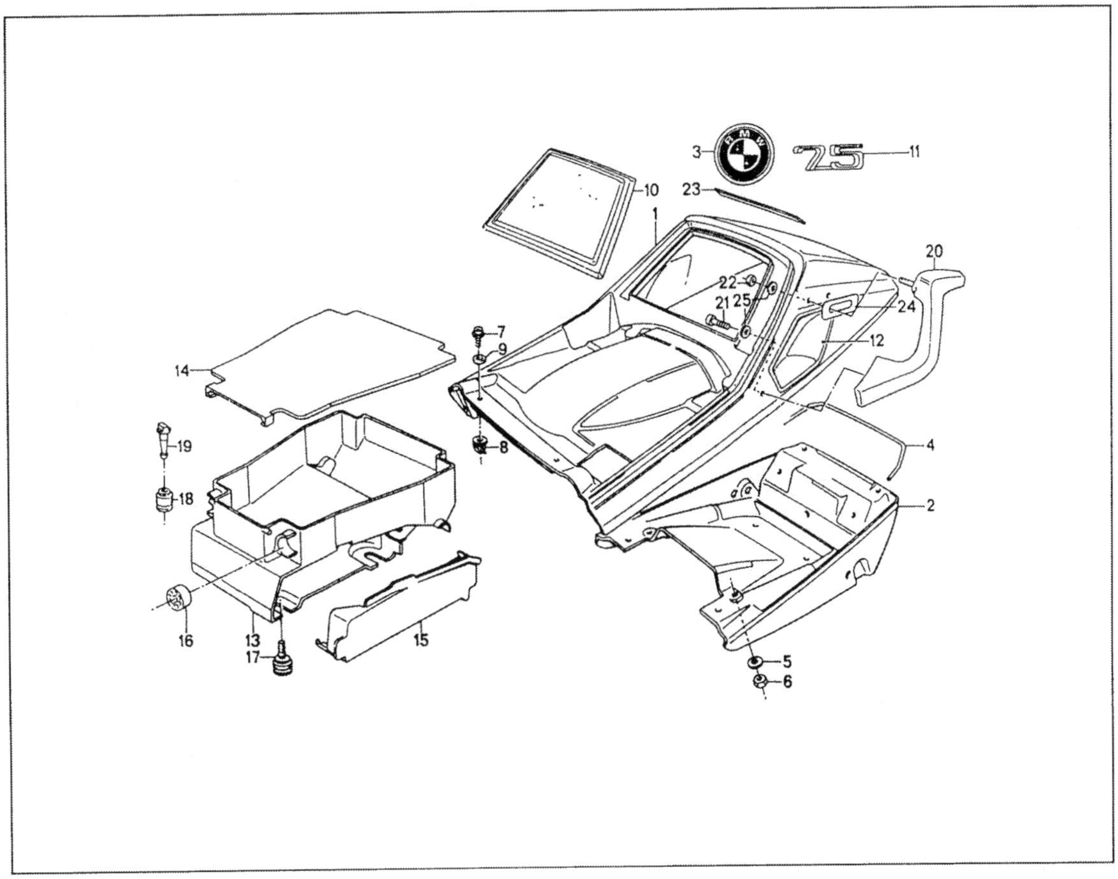

Bild 152
Heckteil
1 Heckteil oben
2 Heckteil unten
3 Emblem
4 Keder
5 Scheibe
6 Mutter
7 Befestigungsschraube
8 Spreizmutter
9 Scheibe
10 Deckel
11 Schriftzug
12 Griffmulde
13 Werkzeugkasten
14 Deckel
15 Abdeckung
16 Gummistopfen
17 Puffer
18 Puffer
19 Stift
20 Haltegriff
21 Befestigungsschraube
22 Mutter
23 Dichtung
24 Scheuerschutz
25 Scheibe

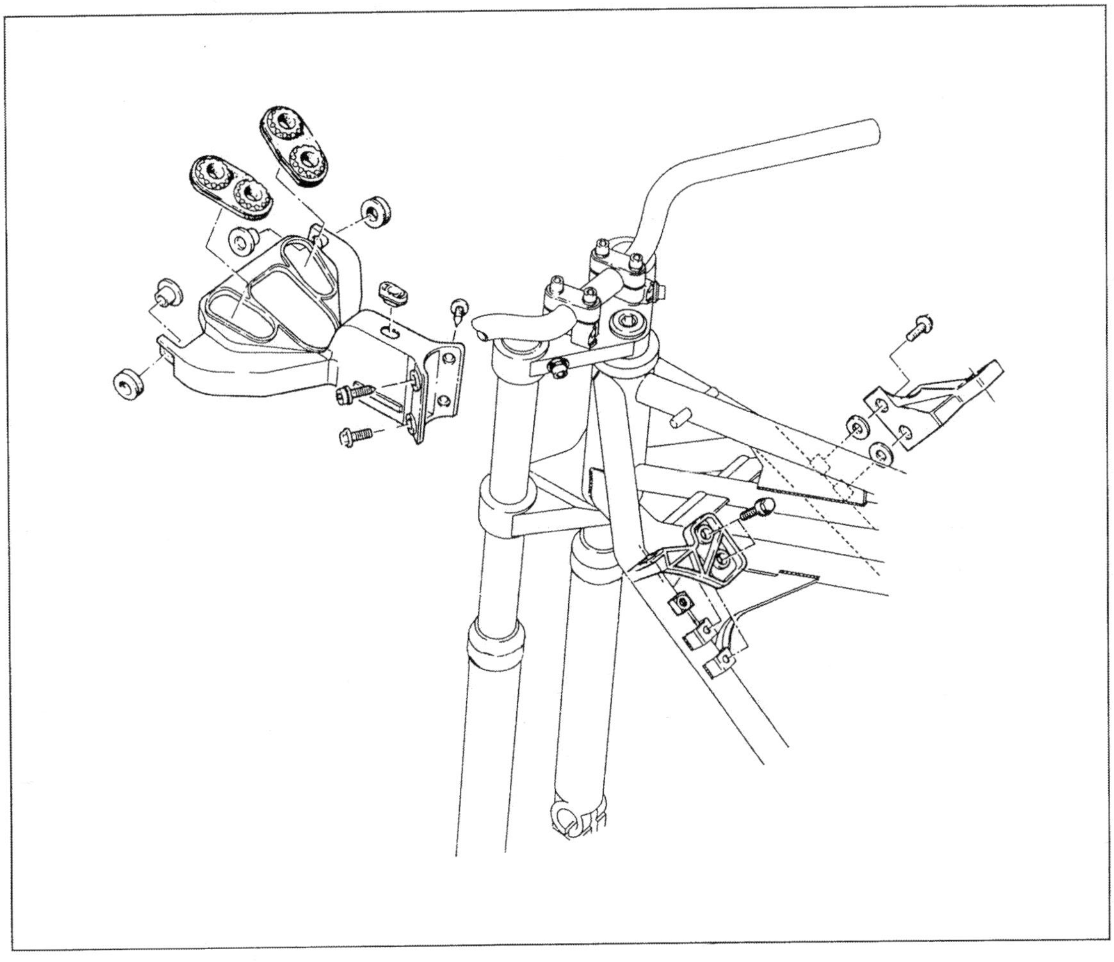

Bild 153
Instrumentenhalterung
K75 s

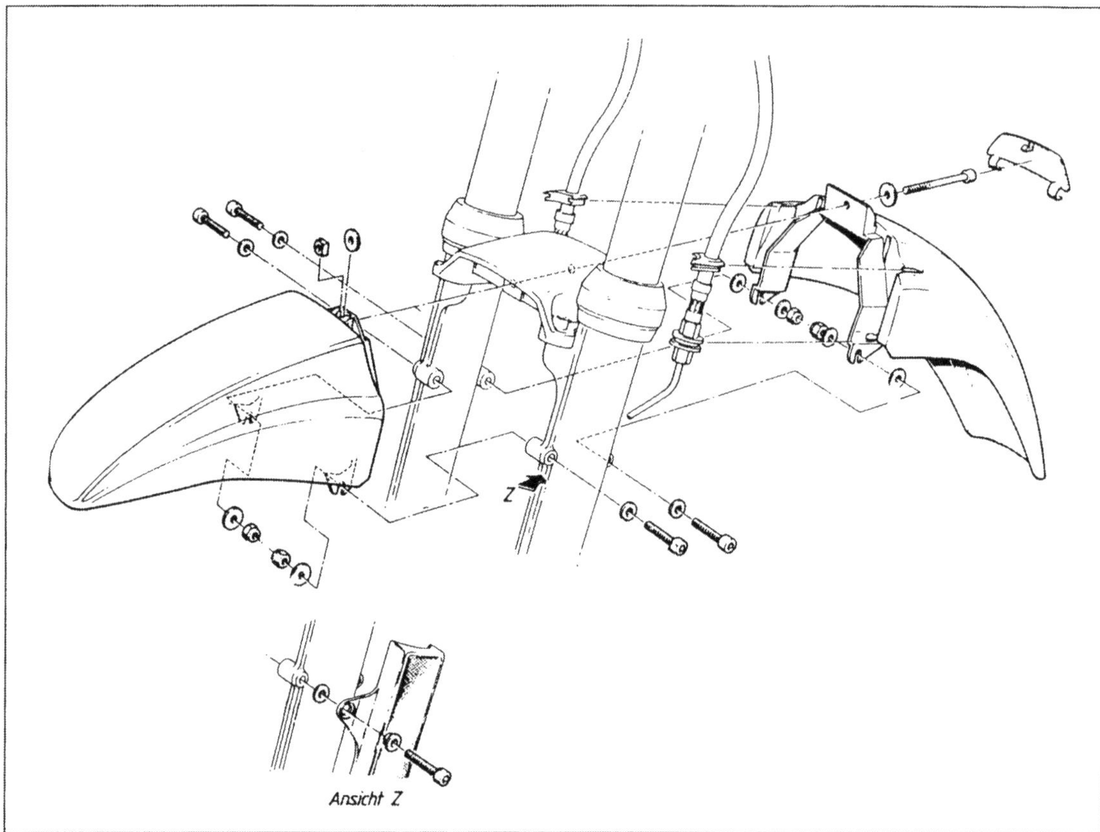

Bild 154
Vorderradkotflügel
mit Gabelstabilisator

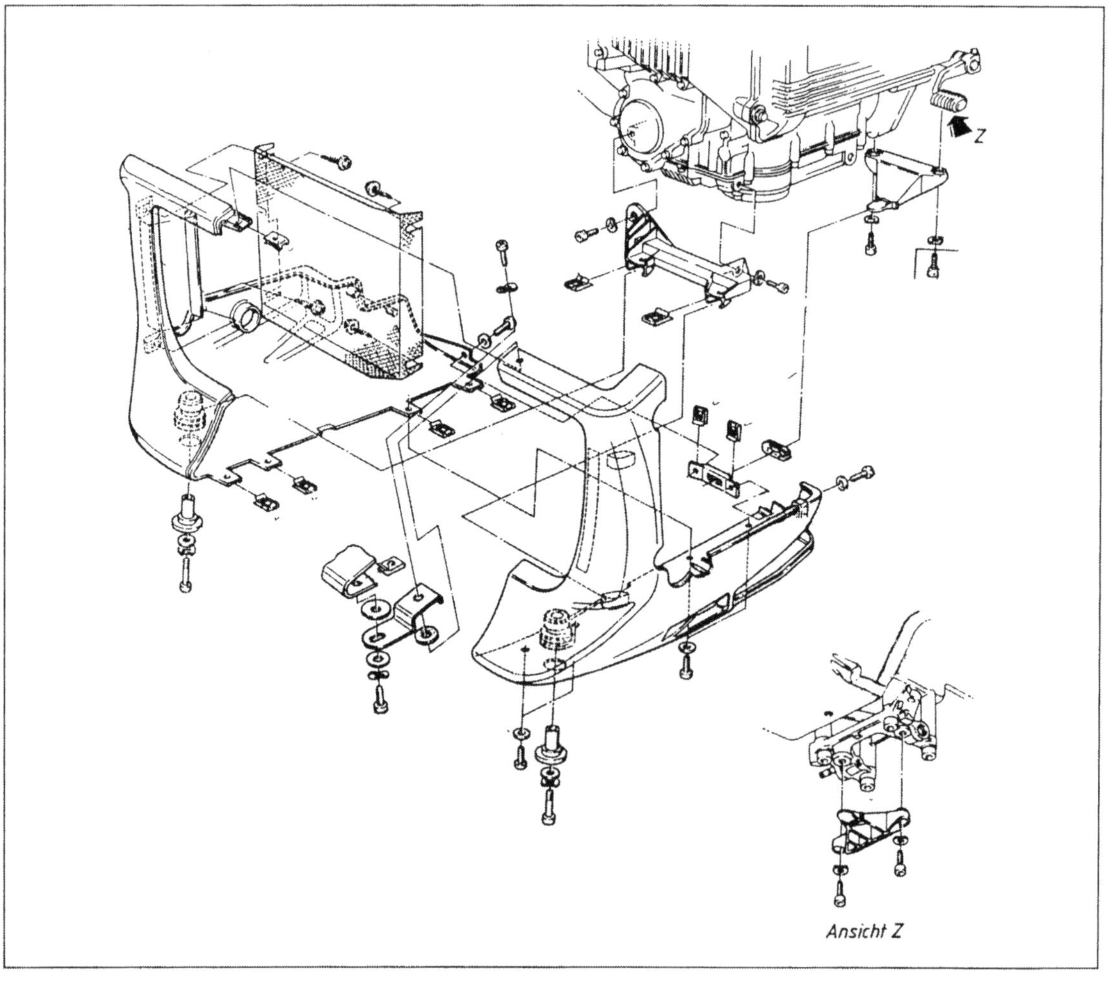

Bild 155
Untere Motorverkleidung
K75 s

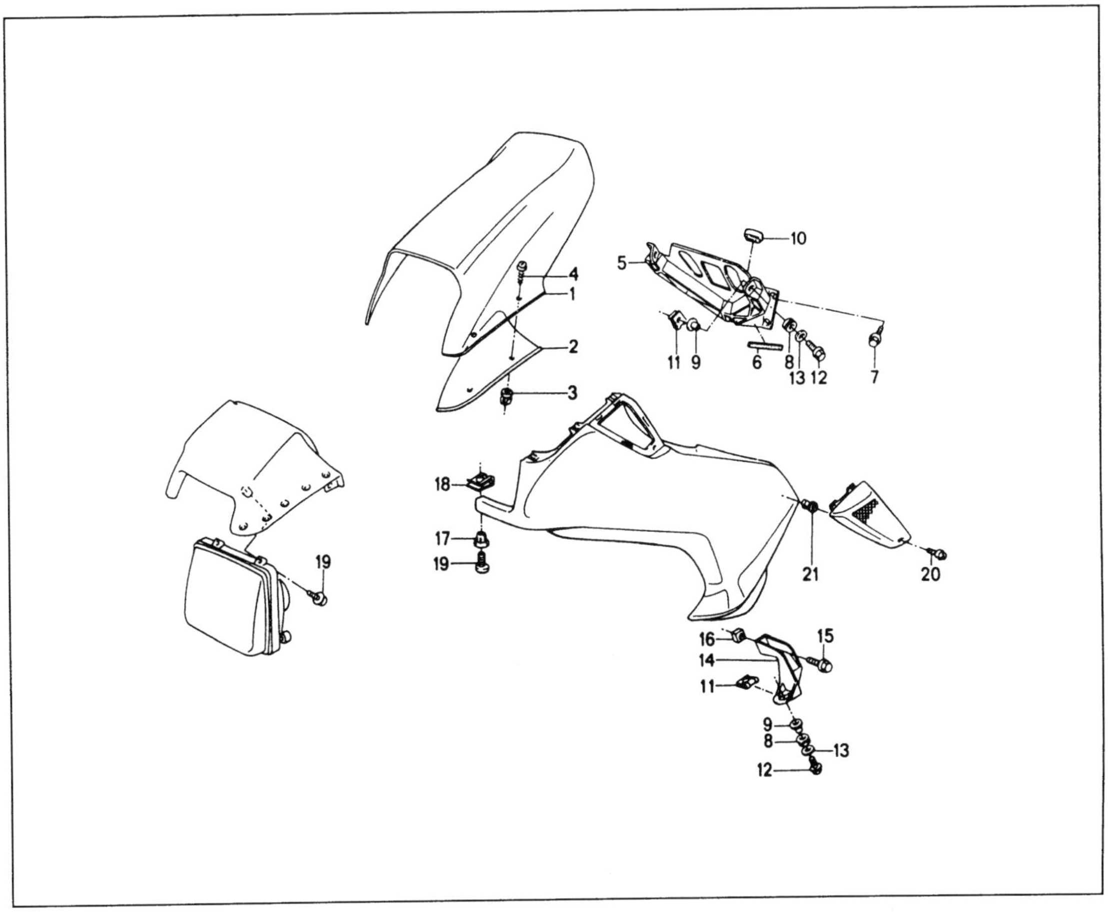

Bild 156
Verkleidungsteile K 75 s
1 Windschutzscheibe
2 Scheuerschutz
3 Spreizmutter
4 Befestigungsschraube
5 Verkleidungshalter
6 Kantenschutz
7 Kegelschraube
8 Gummitülle
9 Buchse
10 Scheuerschutz
11 Blechmutter
12 Befestigungsschraube
13 Unterlagscheibe
14 Verkleidungshalter
15 Befestigungsschraube
16 Vierkantmutter
17 Hülse
18 Blechmutter
19 Befestigungsschraube
20 Befestigungsschraube
21 Spreizmutter

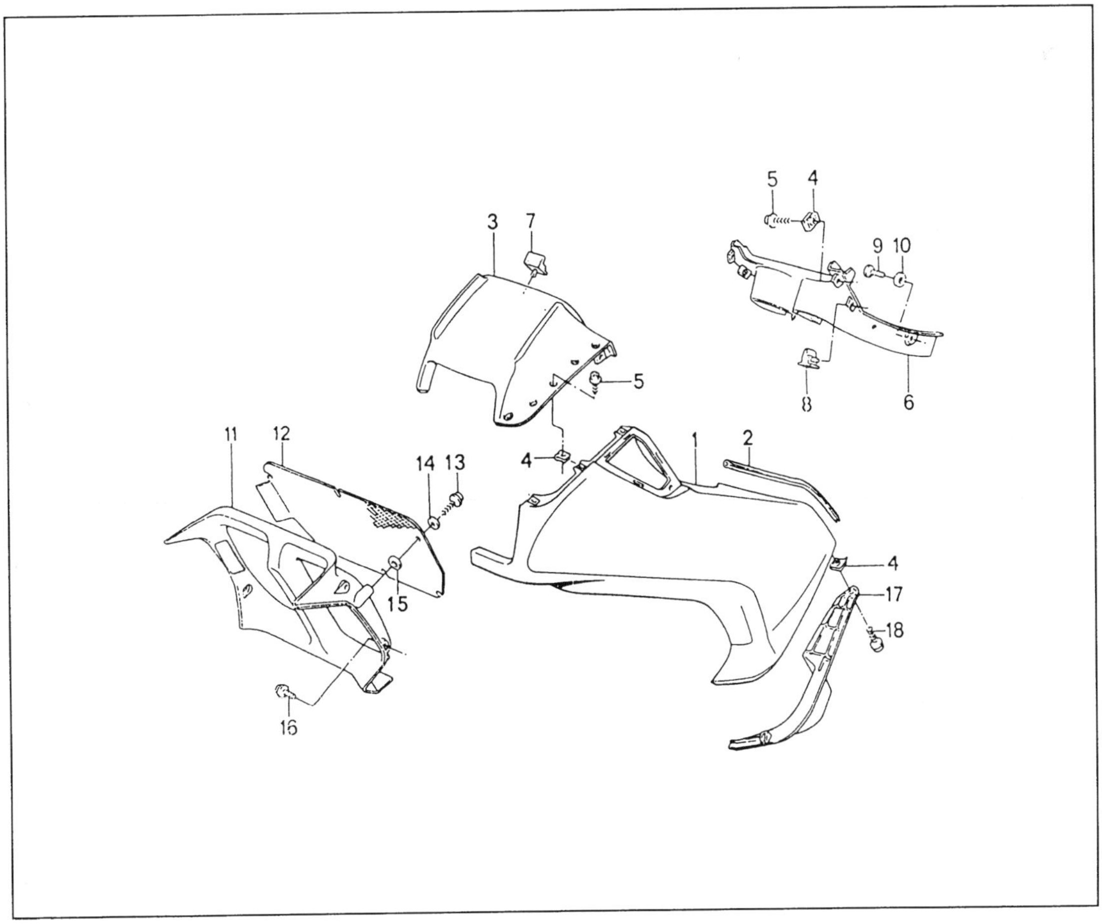

Bild 157
Verkleidungsteile K 75 s
1 Verkleidungsseitenteil
2 Keder
3 Verkleidungsmittelteil
4 Blechmutter
5 Befestigungsschraube
6 Innenabdeckung
7 Puffer
8 Puffer
9 Befestigungsschraube
10 Beilagscheibe
11 Kühlerverkleidung
12 Kühlergitter
13 Befestigungsschraube
14 Scheibe
15 Unterlagscheibe
16 Befestigungsschraube
17 Abdeckung
18 Befestigungsschraube

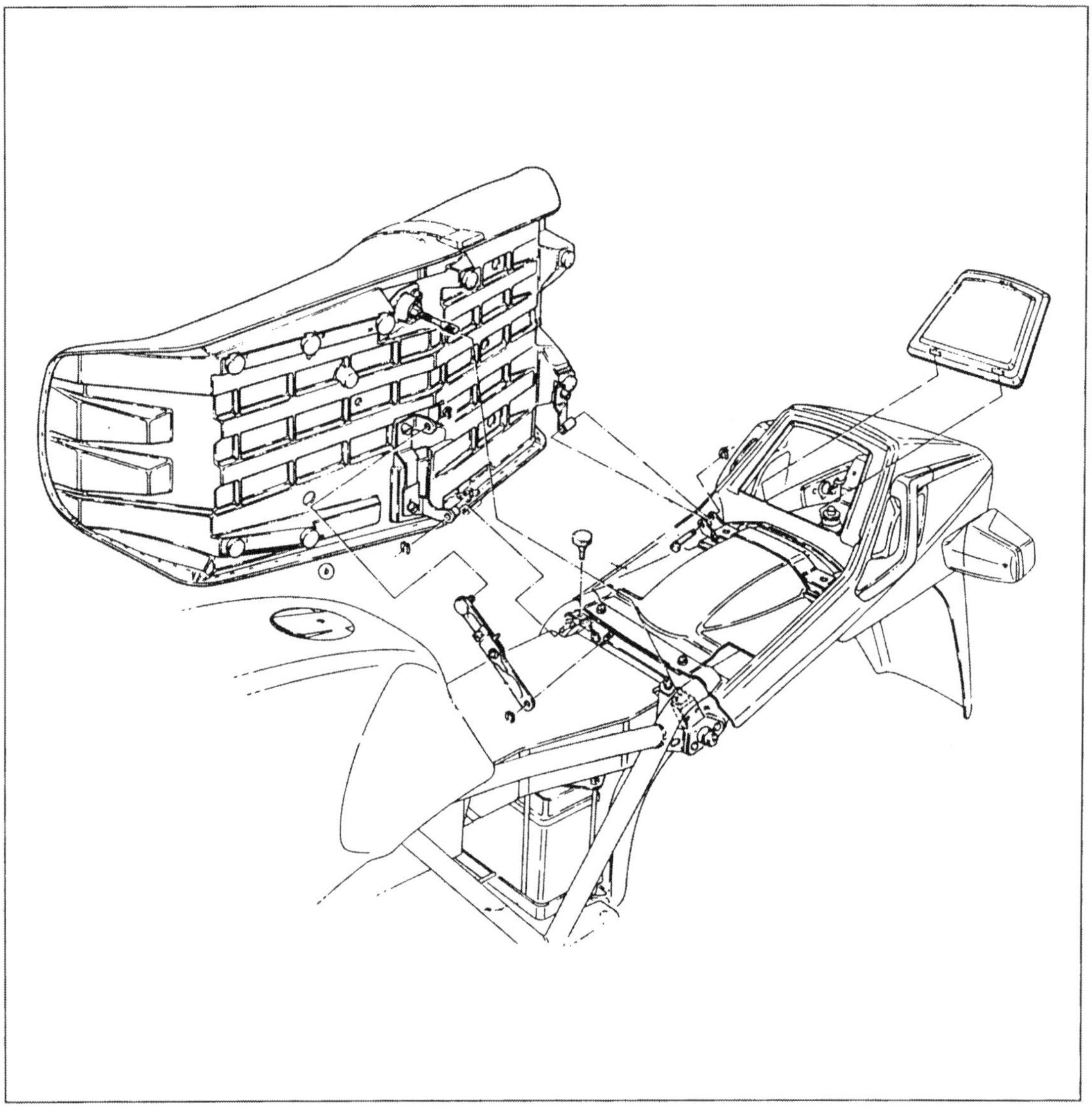

Bild 158
Sitzbank an Rahmen

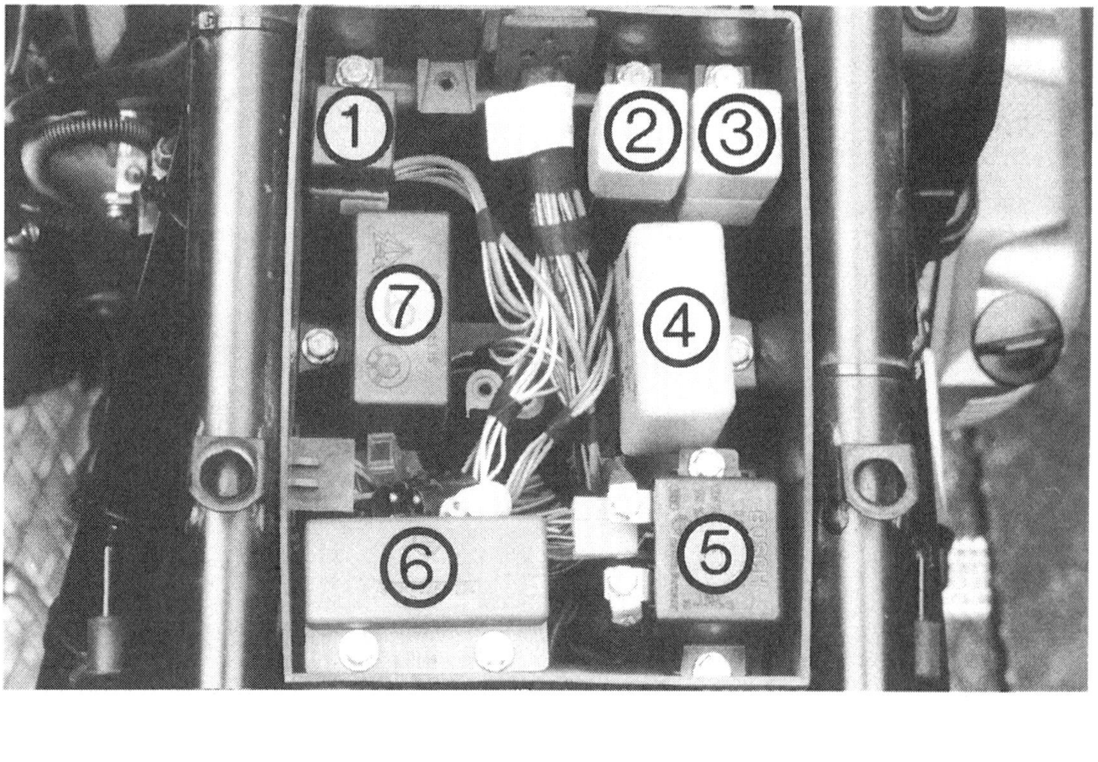

Bild 159
Elektrikbauteile
1 Entlastungsrelais
2 Signalhorn-Relais
3 Elektronisches
Kraftstoffpumpenrelais
4 Temperaturschaltgerät
5 Starter-Relais
6 Blink- und Warnblinkrelais

Technische Daten K 75, K 75c, K 75s

Rahmen

Anordnung des Fabrikschildes Anordnung der Fahrgestellnummer	An Rahmenrohrstrebe, hinten rechts
Motorradmasse und Gewichte	
Grösste Breite (über Spiegel)	850 mm (K 75s: 830 mm)
Sitzhöhe, unbelastet	810 mm
Länge über alles	2220 mm
Radstand, unbelastet	1516 mm
Spurversatz	max. 5 mm
Leergewicht	227 kg (K 75s: 229 mm)
zul. Gesamtgewicht	450 kg

Räder und Bereifung

Felgenart	Leichtmetall-Gussrad	
Felgengrösse – vorn	MT H 2,50×18 E	
Felgengrösse – hinten	MT H 2,75×13 E (K 75s: MT H 2,75×17 E)	
max. Radialschlag	0,5 mm gemessen am Felgenhorn, unbereift	
max. Axialschlag	0,5 mm gemessen am Felgenhorn, unbereift	
Reifengrösse – vorn	100/90 H 18 (K 75s: 100/90 V 18) schlauchlos/Tubeless	
Reifengrösse – hinten	120/90 H 18 (K 75s: 130/90 V 17) schlauchlos/Tubeless	
Reifendruck	K 75 / K 75c	K 75s
(bei kalten Reifen)	H-Reifen	V-Reifen
Geschwindigkeit – Solo	vorn/hinten	vorn/hinten
– ohne Limit	2,0/2,50 bar	2,25/2,50 bar
Geschwindigkeit – mit Sozius	vorn/hinten	vorn/hinten
– ohne Limit	2,30/2,90 bar	
– bis 180 km/h		2,25/2,70 bar
– über 180 km/h		2,70/2,90 bar
Radlagerschmierung	Marken-Wälzlagerfett Nutztemperatur −30° – + 140° C Tropfpunkt 150° – 230° C hoher Korrosionsschutz gute Wasser-/Oxidationsbeständigkeit z.B. Shell Retinax A	

Servicedaten

Ölfüllmengen	
Motor mit Filter	3,75 Liter

MASS- und EINSTELL-DATEN

Motor ohne Filter	3,50 Liter
Getriebe	0,85 Liter
Hinterradantrieb	0,26 Liter
Teleskopgabel je Holm	0,33 – 0,01 Liter 0,28 – 0,01 Liter (bei Sportabstimmung)
Kühlflüssigkeit	2,5 Liter +0,4 Liter im Ausgleichsbehälter
Ventilspiel	
Kalt gemessen, d.h. maximal 35° C	E 0,15 – 0,20 mm A 0,25 – 0,30 mm
Zündzeitpunkt	
Einstellung statisch	6° vor OT – entspricht 0,24 mm vor OT / Zylinder 3
Kontrolle dynamisch	22° vor OT bei ca. 3700/min
Zündkerzen	Bosch X 5 DC Beru 12-5 DU
Elektrodenabstand	0,6+0,1 mm
Leerlaufdrehzahl	950 ± 50 min^{-1}
Bowdenzugeinstellung für Kaltstartanhebung	
Gemessen am Zentralanschlag der Drosselklappenleiste:	
– Stufe I	1,5 mm
– Stufe II	3,0 mm
Kupplungsspiel – Bowdenzug am Getriebe	75 mm
Kupplungsspiel – Bowdenzug am Handhebel	2+0,5 mm
Reifenluftdruck	Siehe Aufkleber am Motorrad

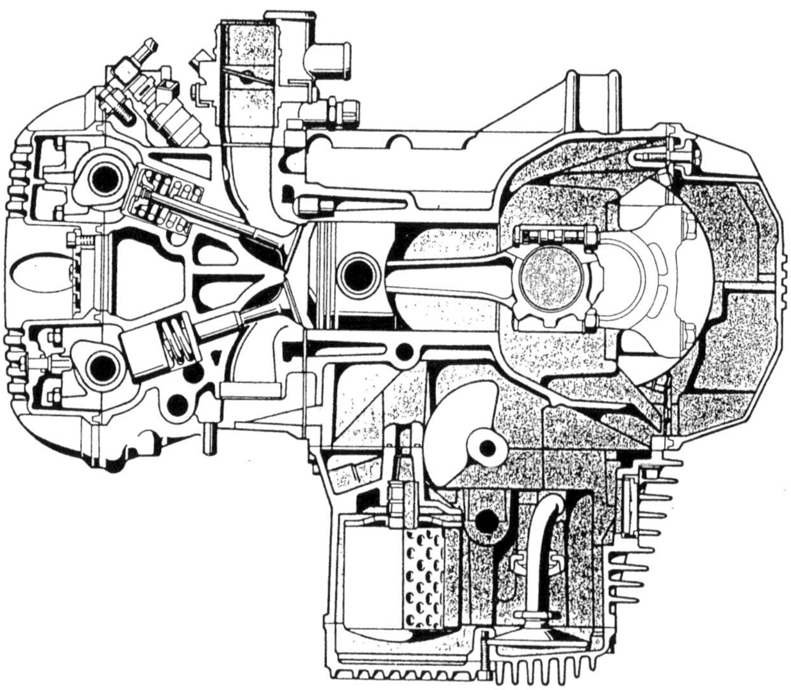

Bild 160
Motoraufbau

Motor

Motor-Bauart

In Längsrichtung angeordneter Viertakt-Reihenmotor mit zwei obenliegenden Nockenwellen, Flüssigkeitskühlung und elektronischer Einspritzung mit Schubabschaltung

Bild 161
Gaswechsel-Steuerung

Funktionsschema LE-Jetronic – K 75 c

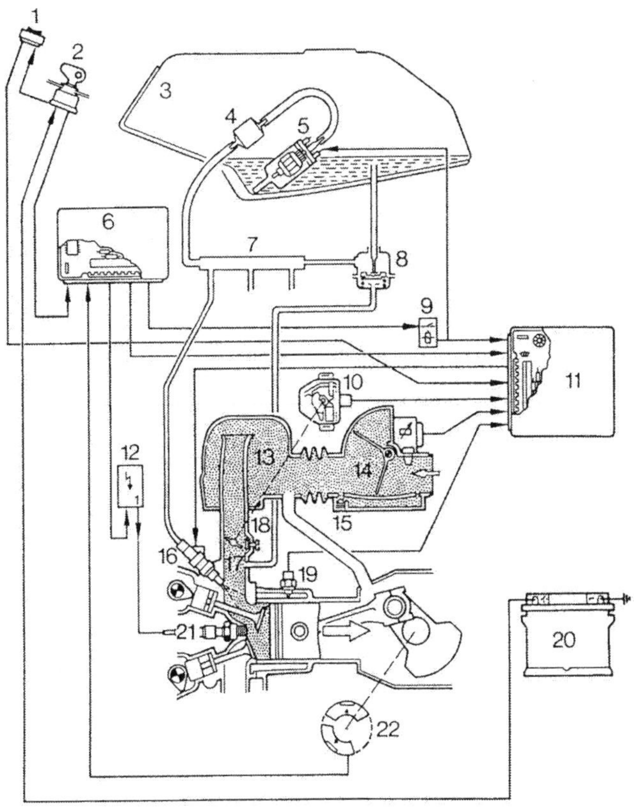

Bild 162
LE-Jetronic
1 Starterschalter
2 Zündschalter
3 Kraftstofftank
4 Kraftstoffilter
5 Kraftstoffpumpe
6 Zündsteuergerät
7 Verteilerrohr
8 Druckregler
9 Einspritzrelais
10 Drosselklappenschalter
11 Einspritzsteuergerät
12 Zündspule
13 Luftsammler
14 Luftmengenmesser
15 Leerlaufgemisch-Einstellschraube
16 Einspritzventil
17 Drosselklappe
18 Bypass-Kanal für Leerlauf
19 Kühlmittel-Temperaturfühler
20 Batterie
21 Zündkerze
22 Zündgeber

MASS- und EINSTELL-DATEN

Sitz der Motornummer	Zylinderkurbelgehäuse-Unterteil hinten, rechts
Zylinderbohrung	67 ± 0,005 mm
Kolbenhub	70 mm
Zylinderzahl	3
Hubraum nach Steuerformel	735 cm^3
Hubraum effektiv	740 cm^3
Verdichtungsverhältnis	11:1
Grösste Nennleistung	55 kW / 75 PS
Grösste Nennleistung bei	8500 min^{-1}
Zulässige Dauerdrehzahl	8600 min^{-1}
Zulässige Höchstdrehzahl	8700 min^{-1}
Leerlaufdrehzahl	950 ± 50 min^{-1}
Zulässige Höchstdrehzahl während der Einfahrzeit – bis 1000 km	4000 min^{-1}
Zulässige Höchstdrehzahl während der Einfahrzeit – bis 2000 km	4500 min^{-1}
Drehrichtung	Auf Zündanlage gesehen gegen Uhrzeigersinn
Max. Drehmoment	68 Nm / 6,9 kpm
Max. Drehmoment bei	6750 min^{-1}
Kompressionsdruck – gut	über 10 bar
Kompressionsdruck – normal	8,5 – 10 bar
Kompressionsdruck – schlecht	unter 8,5 bar
Prüfvorschrift für Kompressionsdruck	1. Zündkerzen herausschrauben 2. Messung mit einem geeichten Kompressionsdruckprüfer bei vollgeladener Batterie, betriebswarmem Motor und voll geöffnetem Gasdrehgriff mit Anlasserdrehzahl durchführen
Kraftstoffsorten	Siehe Betriebsanleitung
Kraftstoffnormverbrauch nach ISO DIS 7860:	
– bei konstant 90 km/h	K 75: 4,2 / K 75c: 4,2 / K 75s: 4,0 l/100 km
– bei konstant 120 km/h	K 75: 5,6 / K 75c: 5,6 / K 75s: 5,4 l/100 km
Motorschmierung – Schmiersystem	Druckumlaufschmierung
Ölfilter	Im Hauptstrom

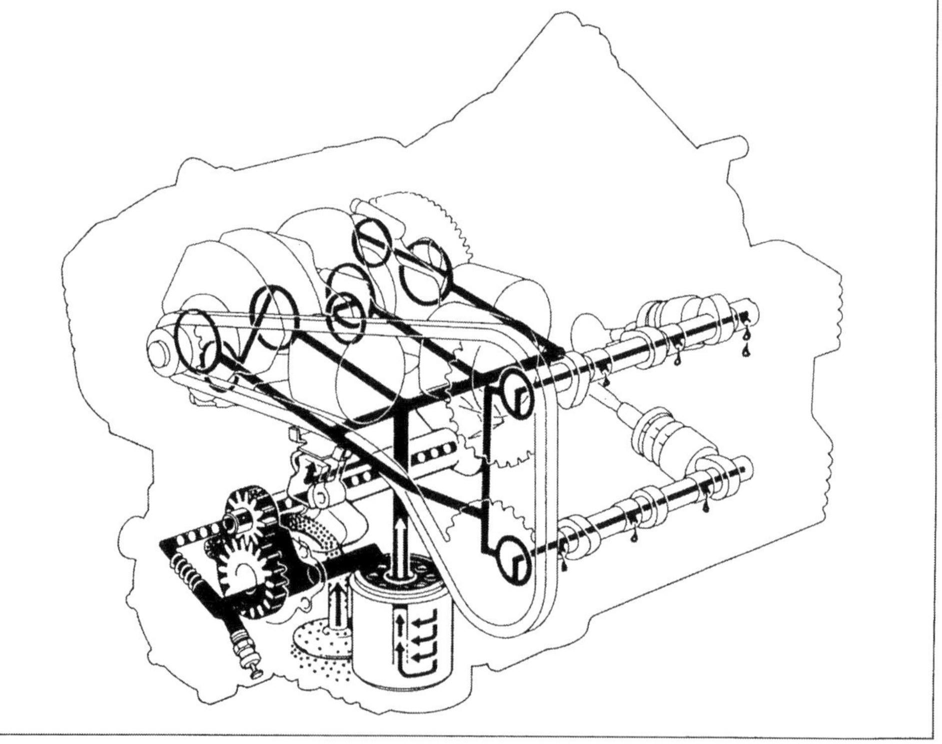

Bild 163
Ölkreislauf

Differenzdruck zur Öffnung des Umgehungsventils	1,5 bar
Öldruckkontrolleuchte leuchtet auf unter	0,2 – 0,5 bar
Öffnungsdruck des Überdruckventils	5,4 bar
Ölfüllmenge ohne Filterwechsel	3,50 Liter
Ölfüllmenge mit Filterwechsel	3,75 Liter
Zulässiger Ölverbrauch pro 100 km	0,15 Liter
Ölpumpe – Bauart	Zahnradpumpe
Rechteckring 2. Nut:	
– Höhe	$1{,}5^{-0{,}010}_{-0{,}022}$ mm
– Verschleissgrenze	1,40 mm
Stoss-Spiel	0,25 – 0,45 mm
Verschleissgrenze	1,50 mm
Flankenspiel	Mahle 0,040 – 0,072 mm / KS 0,030 – 0,062 mm
Verschleissgrenze	Mahle 0,30 mm / KS 0,30 mm
Dachfasenring 3. Nut:	
– Höhe	$3{,}0^{-0{,}010}_{-0{,}025}$ mm
– Verschleissgrenze	2,90 mm
Stoss-Spiel	0,20 – 0,45 mm
Verschleissgrenze	1,50 mm
Flankenspiel	0,020 – 0,055 mm
Verschleissgrenze	0,30 mm
Einbaurichtung der Kolbenringe	Mit Bezeichnung (top) nach oben montieren (Nut 1 und 2)
Kolbenbolzen-Durchmesser	18 – 0,004 mm
Verschleissgrenze	17,96 mm
Bohrungs-Durchmesser der Bolzenaugen im Kolben	$18^{+0{,}006}_{+0{,}002}$ mm
Kolbenbolzenspiel im Kolben	0,002 – 0,010 mm
Kolbenbolzenspiel in Pleuelbüchse	0,006 – 0,021 mm
Verschleissgrenze	0,060 mm

Kurbelwelle

Breite des Führungslagers	$23^{F8}\,^{+0{,}053}_{+0{,}020}$ mm
Farbkennzeichnung der KW-Hauptlager-Durchmesser	$45^{-0}_{-0{,}024}$ mm

Farbe (ölfest)	Wellen-Durchmesser	Wanddicke des Lagers
gelb	45,000 – 44,992	1,987 – 0,006
grün	44,992 – 44,984	1,991 – 0,006
weiss	44,984 – 44,976	1,995 – 0,006

Farbkennzeichnung der KW-Hublager-Durchmesser	$38^{-0}_{-0{,}024}$ mm

Farbe (ölfest)	Wellen-Durchmesser	Wanddicke des Lagers
gelb	38,000 – 37,992	1,479 – 0,006
grün	37,992 – 37,984	1,483 – 0,006
weiss	37,984 – 37,976	1,487 – 0,006

KW-Hauptlager-Durchmesser Grundbohrung	$49^{H6}\,^{+0{,}16}_{0}$ mm
Hauptlagerzapfen-Radialspiel	0,020 – 0,056 mm
Verschleissgrenze	0,110 mm
Hublagerzapfen-Radialspiel	0,030 – 0,066 mm
Verschleissgrenze	0,130 mm
Kurbelwellenaxiallagerspiel	0,080 – 0,183 mm
Verschleissgrenze	0,250 mm

Pleuel

Pleuellagergrundbohrung – grosses Auge	$41^{H6}\,^{+0{,}016}_{0}$ mm
Pleuelbreite – grosses Auge	$22_{d9}\,^{-0{,}065}_{-0{,}117}$ mm
Hubzapfenlagerbreite	$22^{D11}\,^{+0{,}195}_{+65}$ mm
Pleuellagerspiel – axial	0,130 – 0,312 mm
Verschleissgrenze	0,400 mm

Abstand von Bohrungsmitte zu Bohrungsmitte	$125 \pm 0{,}1$ mm
Pleuelbohrung – kleines Auge	$20^{H7}\,{}^{+0{,}021}_{0}$ mm
Zulässige Gewichtsdifferenz der Pleuel	± 4 g

Zylinder

Zylinderbohrungs-Durchmesser A	$67{,}00 \pm 0{,}005$ mm
Zylinderbohrungs-Durchmesser B	$67{,}01 \pm 0{,}005$ mm
Verschleissgrenze A	67,05 mm
Verschleissgrenze B	67,06 mm

Kolben

Gewichtsgruppe Kolben – komplett	+oder –eingeschlagen
Kolben-Durchmesser – Fabrikat: KS A	$66{,}973 \pm 0{,}007$ mm
Kolben-Durchmesser – Fabrikat: KS B	$66{,}983 \pm 0{,}007$ mm
Verschleissgrenze A	66,92 mm
Verschleissgrenze B	66,93 mm
Kolben-Durchmesser – Fabrikat: Mahle A	$66{,}970 \pm 0{,}007$ mm
Kolben-Durchmesser – Fabrikat: Mahle B	$66{,}980 \pm 0{,}007$ mm
Verschleissgrenze A	66,92 mm
Verschleissgrenze B	66,93 mm
Kolbeneinbauspiel	0,015 – 0,039 mm
Verschleissgrenze	0,130 mm
Einbaurichtung der Kolben	Pfeil auf Kolbenboden muss in Fahrtrichtung weisen

Kolbenringe

Rechteckring 1. Nut:	
– Höhe	$1{,}2\,{}^{-0{,}010}_{-0{,}022}$ mm
– Verschleissgrenze	1,10 mm
Stoss-Spiel	0,25 – 0,45 mm
Verschleissgrenze	1,50 mm
Flankenspiel Mahle	0,050 – 0,082 mm / Verschleissgrenze 0,30 mm
Flankenspiel KS	0,040 – 0,072 mm / Verschleissgrenze 0,30 mm

Nockenwelle

Einlassnockenwelle	284°
Auslassnockenwelle	284°
Führungslager-Durchmesser	$30_{g6}\,{}^{-0{,}007}_{-0{,}02}$ mm
Verschleissgrenze	29,95 mm
Nockenwellenlager-Durchmesser	$24_{g6}\,{}^{-0{,}007}_{-0{,}02}$ mm
Verschleissgrenze	23,95 mm
Führungslagerbohrung	$30^{F7}\,{}^{+0{,}041}_{+0{,}02}$ mm
Nockenwellenlagerbohrung	$24^{F7}\,{}^{+0{,}041}_{+0{,}02}$ mm
Laufspiel radial – Führungslager	0,027 – 0,061 mm
Laufspiel radial – Grundlager	0,027 – 0,061 mm
Verschleissgrenze – Führungslager	0,150 mm
Verschleissgrenze – Grundlager	0,150 mm
Nockengrundkreis	30 mm
Nockenhöhe – Einlass	$39{,}3927 \pm 0{,}031$ mm
Nockenhöhe – Auslass	$39{,}3819 \pm 0{,}031$ mm
Verschleissgrenze – Einlass	39,10 mm
Verschleissgrenze – Auslass	39,05 mm

Stössel

Stössel-Aussendurchmesser	$33{,}5_{g6}\,{}^{-0{,}009}_{-0{,}025}$ mm
Verschleissgrenze	33,465 mm
Stösselbohrung im Zylinderkopf	$33{,}5^{H7}\,{}^{+0{,}025}_{0}$ mm
Verschleissgrenze	33,615 mm
Radialspiel	0,009 – 0,050 mm

Verschleissgrenze	0,150 mm
Ventilsitzbreite – Einlass	1,15 ± 0,25 mm
Ventilsitzbreite – Auslass	1,35 ± 0,25 mm
Verschleissgrenze – Einlass	2,50 mm
Verschleissgrenze – Auslass	3,00 mm
Ventilführung Gesamtlänge – Einlass	45 mm
Ventilführung Gesamtlänge – Auslass	45 mm
Aussendurchmesser	$13_{U6}{}^{+0,044}_{-0,036}$ mm
Innendurchmesser	$7^{H7}{}^{+0,015}_{-0}$ mm
Verschleissgrenze	7,100 mm
Bohrung im Zylinderkopf	$13^{H7}{}^{+0,018}_{-0}$ mm
Reparaturstufe	$13,2^{H7}{}^{+0,018}_{-0}$ mm
Ventilschaftspiel – Einlass	0,025 – 0,050 mm
Ventilschaftspiel – Auslass	0,040 – 0,070 mm
Verschleissgrenze – Einlass	0,150 mm
Verschleissgrenze – Auslass	0,165 mm

Ventiltrieb

Ventilbetätigung	Direkt über Tassenstössel
Antrieb Nockenwelle	Vorgereckte, endlose Einfachhülsenkette
Anzahl der Glieder	126

Ventilfeder

Drahtdicke	4,25 mm
Äusserer Windungs-Durchmesser	29,25 ± 0,2 mm
Federlänge entspannt	44,5 mm
Verschleissgrenze	43,0 mm
Windungsrichtung	rechts
Windungszahl federnd	4,5 – 3,8
Windungszahl gesamt	6,3

Ventilspiel

Einstellung bei kaltem Motor – max. 35° C:

– Einlassventil	0,15 – 0,20 mm
– Auslassventil	0,25 – 0,30 mm

Ventilsteuerzeiten

bei 5/100 Vorspannung und 3 mm Hub:

– Einlass öffnet	5° nach OT
– Einlass schliesst	27° nach UT
– Auslass öffnet	28° vor UT
– Auslass schliesst	5° vor OT

Ventile

Gesamtlänge – Einlass	111 mm
Gesamtlänge – Auslass	110,71 ± 0,1 mm
Teller-Durchmesser – Einlass	34 mm
Teller-Durchmesser – Auslass	30 mm
Schaft-Durchmesser – Einlass	6,975 – 0,015 mm
Schaft-Durchmesser – Auslass	6,960 – 0,015 mm
Verschleissgrenze – Einlass	6,950 mm
Verschleissgrenze – Auslass	6,935 mm
Ventilteller Randdicke – Einlass	1,5 ± 0,15 mm
Ventilteller Randdicke – Auslass	1,5 ± 0,15 mm
Mindest-Randdicke – Einlass	1,0 mm
Mindest-Randdicke – Auslass	1,0 mm
Max. Schlag des Ventiltellers – Einlass	0,03 mm
Max. Schlag des Ventiltellers – Auslass	0,03 mm
Ventilsitzwinkel – Einlass	44° 30′ – 20′

Ventilsitzwinkel – Auslass	44°30′ – 20′

Getriebe

Getriebeart	5-Gang-Getriebe mit Klauenschaltung und integriertem Stossdämpfer für alle Gänge
Schaltungsart	Über verstellbaren Fuss-Schalthebel und Schalzwalze mit Überschaltsicherung
Übersetzungsverhältnis:	
– 1. Gang	4,50
– 2. Gang	2,96
– 3. Gang	2,30
– 4. Gang	1,88
– 5. Gang	1,67
Ölsorte – über 5°C	Marken-Hypoidgetriebeöl SAE 90 } API-Klasse GL 5
Ölsorte – unter 5°C	Marken-Hypoidgetriebeöl SAE 80 } API-Klasse GL 5
Ölsorte – ganzjährig	Marken-Hypoidgetriebeöl SAE 80 W 90 } API-Klasse GL 5
Füllmenge	0,85±0,05 Liter
Axialspiel Zwischenwelle	0,05 – 0,15 mm
Axialspiel Abtriebswelle	0,05 – 0,15 mm
Vorspannung / Reibwert:	
– Antriebswelle	0,03 mm / 0,19±0,02 Nm 0,055 mm / 0,34±0,02 Nm 0,08 mm / 0,5±0,02 Nm

Kupplung

Kupplungsart	Einscheiben-Trockenkupplung mit übersetzter Tellerfeder
Aussen-Durchmesser oder Kupplungsscheibe	165±1 mm
Gesamtstärke der Kupplungsscheibe (Lamelle und Belag)	5,3±0,25 mm
Mindeststärke der Kupplungsscheibe	4,5 mm
Kupplungsspiel am Handhebel	2,0+0,5 mm
Seilzuglänge am Ausrückhebel	75±1 mm

Auspuff

Auspuffrohr-Durchmesser	28×1,2 mm

Kühler

Kühlsystem

Füllmenge	2,5+0,4 Liter (im Ausgleichsbehälter)
Mischungsverhältnis – Kühlmittel Wasser	40:60 bis −28°C 50:50 bis −36°C
Freigegebene Kühlmittel	Fricotin

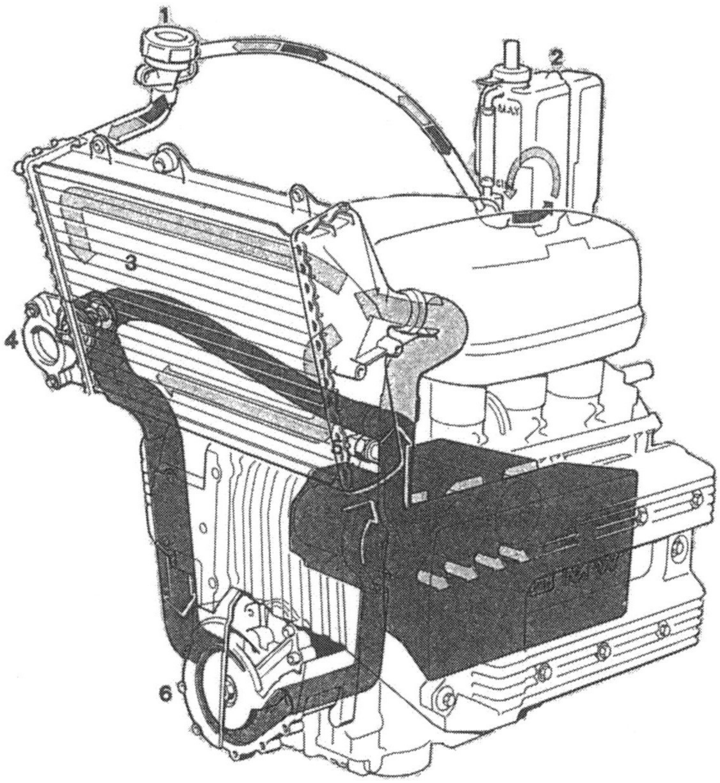

Bild 164
Kühlsystem
1 Haupteinfüllstutzen mit Über- und Unterdruckventil
2 Ausgleichsbehälter mit Kühlmittelstandsanzeige
3 Querstrom-Aluminiumkühler
4 Thermostat mit Gehäuse
5 Temperaturfühler
6 Kombinierte Öl-/Kühlmittelpumpe

schwarz = Kühlmittelkreislauf bei kaltem Motor über Bypass-Leitungen (Thermostatventil geschlossen)
grau = Kühlmittelkreislauf bei betriebswarmem Motor über Querstromkühler (Thermostatventil geöffnet)

	Antifreeze 007 ICI
	Glycoshell P 300
	Glysantin G04
	Genantin VP 17 19
	ICI 012
	Glysantin G 41/23
Thermostateinsatz – Öffnungsbeginn	85° C
Lüfter – Einschalttemperatur bei	103° C
Kühlmitteltemperatur-Warnleuchte schaltet bei	
Deckel für Einfüllstutzen:	
– Überdruckventil öffnet bei	1,0+0,15 bar
entspricht	120° C
– Unterdruckventil öffnet bei	−0,1 bar (in der Abkühlphase)

Kraftstoffbehälter und Leitungen

Kraftstoffbehälter

Behälterinhalt	21 Liter
Reserve	Optische Anzeige bei ca. 5 Liter

Kraftstoffpumpe

Bauart	Rollenzellenpumpe
Fabrikat	Bosch
Betriebsspannung	12 V
Pumpendruck	2,5 bar
Fördermenge	45 l/h

MASS- und EINSTELL-DATEN

Teleskopgabel

Vorderrad Nachlauf	101 mm
Lenkereinschlag nach jeder Seite	40° (K 75 s: 35°)
Federweg (Belastung 75 kg)	185 mm
Prüfeinbaulänge	ca. 180 mm
Standrohr-Oberfläche	hart verchromt
Standrohr-Aussendurchmesser	$41{,}4_{e7}\,{}^{-0{,}057}_{-0{,}075}$ mm
Gabelgleitrohre	Leichtmetallguss
Gabelgleitrohr-Innendurchmesser	$41{,}4^{H8}\,{}^{+0{,}039}_{0}$ mm
Laufspiel von Gabelgleitrohr auf Gabelstandrohr	0,050 – 0,114 mm
Max. zulässiger Schlag des Gabelstandrohres	0,1 mm
Länge der Gabeltragfeder	395+6 mm
Drahtdurchmesser der Gabeltragfeder	4,7±0,03 mm
Teleskopgabelöl – freigegebene Ölsorten	Aral P 3441 Stossdämpferöl
	Aral 1010 Stossdämpferöl
	Bel-Ray-Fork Oil with «Seal Swell» SAE 5
	PB Aero Hydraulik
	BP-Olex HLP 2849
	Castrol Shock Absorber Oil 1/-318
	Castrol DB Hydraulik Fluid
	Castrol AWH 15
	Castrol LHM vorzugsweise für Temperaturen unter 0° C
	ESSO Univis 13 Telegabel-Öl
	Golden Spectro Suspension Fluid Very Light
	Mobil Aero HFA Stossdämpferöl
	Mobil DTE 11 Stossdämpferöl
	Premium Fork Lubricant «Spectro SAE 10»
	Competition Grade – nur für Sportbetrieb
	Shell 4001 Stossdämpferöl
	Shell Aero Fluid 4
	Fa. Wack Chemie Hochleistungs-Telegabelöl SAE 5 (rot)
Füllmenge pro Gabelholm	0,330 – 0,010 Liter (K 75 s: 0,280±0,010 Liter)
Schmierfett in Manschette	Gleitmo 805

Lenkung

Lenkereinschlag nach jeder Seite	40° (K 75 s: 35°)
Lenkerbreite	665 mm (K 75 s: 610 mm)
Lenkrohr-Durchmesser	22 mm

Hinterradantrieb

Verzahnungsart	Klingelnberg-Palloid-Spiralverzahnung
Zähnezahl	10:32
Übersetzungsverhältnis	1:3,2

Sonderausführung:	
– Zähnezahl	11:32 (K 75s: 11:34)
– Übersetzungsverhältnis	1:3,36 (K 75s: 1:3,09)
Zahnflankenspiel	0,07 – 0,16 mm
Verfügbare Distanzscheiben in 5/100-mm-Sprüngen:	
– Tellerrad	1,95 – 2,80 mm
– Ritzel	1,50 – 2,10 mm
Vorspannung Kegelrollenlager	0,05 – 0,1 mm ≙ 600 – 1600 N Vorspannkraft
Verfügbare Pass-Scheiben	0,18 / 0,28 / 0,38 / 0,50 / 0,63 / 0,75 / 0,88 mm
Ölsorte – über 5°C	Marken-Hypoidgetriebeöl SAE 90 (Api-Klasse GL 5)
Ölsorte – unter 5°C	Marken-Hypoidgetriebeöl SAE 80 (Api-Klasse GL 5)
Ölsorte – ganzjährig	Marken-Hypoidgetriebeöl SAE 80 W 90 (Api-Klasse GL 5)
Füllenge	0,26 Liter

Gelenkwelle	
Anordnung	Gekapselte Gelenkwelle im Schwingenrohr mit integriertem Torsionsdämpfer und nadelgelagertem Kreuzgelenk, getriebeseitig mit Sprengring gesichert
Hinterradfederung	Einarmschwinge mit 3fach verstellbarem Federbein und doppelt wirkendem hydraulischem Stossdämpfer
Federweg	110 mm
Federlänge – entspannt	274±3 mm
Drahtdurchmesser	9 mm

Bremsen

Bremsflüssigkeit	DOT 4 z.B.: ATE «SL» DOT 4 Castrol Disc Brake DOW ET 504 Shell Donax DOT 4 Hydraulan DOT 4
Füllmenge	0,065 Liter (K 75s: 0,130 Liter)
bei Bremsflüssigkeitwechsel mit Spülen ca.	0,250 Liter (K 75s: 0,500 Liter)
Bremsbelag	Nur Bremsbeläge eines Fabrikats untereinander verbauen
Mindestbelagstärke	1,5 mm
Vorderrad	Doppelscheibenbremse
Bremsscheiben-Durchmesser	285 mm
Bremsscheibendicke	4,0+0,4 mm
Mindestdicke	3,55 mm ≙ 0,14″
Zulässiger Seitenschlag der Bremsscheibe	0,2 mm
Wirksame Bremsbelagfläche	80 cm²
Kolben-Durchmesser Bremssattel	38 mm
Kolben-Durchmesser Hauptbremszylinder	13 mm
Hinterrad – Trommelbremse	
Bremstrommel-Durchmesser	200 mm
Max. Bremstrommel-Durchmesser	201,16 mm
Belagbreite	254 mm
Wirksame Bremsbelagfläche	89 cm²
Mindestdicke der Bremsbeläge	1,5 mm

Hinterrad – Scheibenbremse

Bremsscheiben-Durchmesser	285 mm
Bremsscheibendicke	4,0+0,4 mm
Mindestdicke	3,5 mm ≙ 0,14″
Zulässiger Seitenschlag der Bremsscheibe	0,2 mm
Wirksamen Bremsbelagfläche	40 cm^2
Kolben-Durchmesser – Bremssattel	38 mm
Kolben-Durchmesser – Hauptbremszylinder	13 mm

MASS- und EINSTELL-DATEN

Motor-Elektrik

Starter	Permanentmagnet-Motor
Übersetzungsverhältnis	27:1
Leistung	0,7 kW
Starterrelais Fabrikat	Bosch
Drehstromgenerator	Dreiphasen-Drehstromgenerator mit integriertem vollelektronischem Regler
Antrieb	direkt – Übersetzungsverhältnis 1:1,5
Höchstleistung	460 W / 14 V
Höchststromstärke	33 A
Ladebeginn	950±50 min^{-1}
Max. Drehzahl	12300 min^{-1}
Zündspule Fabrikat	Bosch
Zündkerzen	
Gewinde	M 12×1,25
Bosch	X 5 DC
Beru	12–5 DU
Elektrodenabstand:	
– Neuzustand	0,6+0,1 mm
– Verschleissgrenze	0,9 mm
Zündung	Vollelektronisch, kontaktlos, mikroprozessorgesteuert
Zündsystem	Digitalzündanlage
Zündauslöser	Zwei auf der Kurbelwelle befestigte Magnetschranken (Hall-Geber)
Zündeinstellung statisch	6° vor OT ≙ 0,24 mm vor OT
Max. Frühzündung	32°
Max. Frühzündung bei	4876 – 5120 und 7491 – 7876 min^{-1}
Max. Zündverstellung	26°
Max. Zündverstellung bei	4876 – 5120 und 7491 – 7876 min^{-1}
Mittlerer Verstellbereich	22°
Mittlerer Verstellbereich bei niedrigen Drehzahlen	3530 – 3940 min^{-1}
Verstellbeginn bei	1300 min^{-1}
Verstellende bei	8777 min^{-1}

Allgemeine Fahrzeugelektrik

Batterie	BMW-Mareg mit transparentem Polypropylengehäuse
Serienausführung	12 V / 25 Ah
Sonderausführung	12 V / 30 Ah

Drehstromgenerator	Dreiphasen-Drehstromgenerator mit vollelektronischem Regler, Direktantrieb im Übersetzungsverhältnis 1:1,5
Leistung	460 W
Starter	Permanentmagnet-Ausführung mit vierfacher Zahnradübersetzung im Verhältnis 27:1 und Freilauf
Leistung	0,7 kW
Absicherung Stromkreise	Durch «Minifuse» (Flachsteck)-sicherungen, 7 Kreise
Belastbarkeit A	7,5 (3 Kreise)
Belastbarkeit A	15 (4 Kreise)

Leuchten

Scheinwerfer	180 mm Durchmesser (K 75s: 170×110 mm)
Glühlampen Fern-/Abblendlicht	H4-Halogenlampe 60/55 W, asymetrisch
Standlicht DIN 72601	12 V / 4 W Normbezeichnung T 8/4
Heckleuchte – Schlusslicht DIN 72601	12 V / 10 W Normbezeichnung R 19/10
Heckleuchte – Bremslicht DIN 72601	12 V / 21 W Normbezeichnung P 25-1
Blinkleuchten DIN 72601	12 V / 21 W (4×) Normbezeichnung P 25-1
Instrumentenkombination – Blinkkontrolleuchte DIN 72601	12 V / 4 W (2×) Normbezeichnung T 8/4
Sonstige Kontrolleuchten und Instrumentenbeleuchtung DIN 72601	12 V / 3 W (13×) Normbezeichnung W 10/3

Anzugsdrehmomente

Rahmen, Verkleidungsteile

Rahmen an Motor, Zwischenflansch, Getriebe	45 – 6 Nm
Lagerbock an Getriebe	41±5 Nm
Kippständer an Lagerbock	41±5 Nm
Seitenstütze an Lagerbock	41±5 Nm
Fussrastenplatte an Getriebe	15±2 Nm
Lagerbock an Fussrastenplatte	29±3 Nm
Verkleidungshalter an Motor	9±1 Nm
Verkleidungsrückwand an Gabelbrücke K 75, K 75c	9±1 Nm

Räder und Bereifung

Bremsscheibe an Vorderrad	29±3 Nm
Bremssattel an Gleitrohr	32±2 Nm
Klemmschraube der Steckachse	14±2 Nm
Befestigungsschraube der Steckachse	33±4 Nm
Radschraube (Hinterrad)	105±4 Nm

MASS- und EINSTELL-DATEN

Service-Daten

Ölfilter	handfest
Ölablass-Schraube – Motor	18±2 Nm
Öleinfüll-/ablass-Schraube – Getriebe	20±3 Nm
Ölablass-Schraube am Hinterradantrieb	25±3 Nm
Öleinfüll-Schraube am Hinterradantrieb	20±2 Nm
Induktivgeber am Hinterradantrieb	2,5 Nm
Zylinderkopfhaube	6±0,7 Nm
Zündkerzen	20±2 Nm
Rundmutter	spielfrei
Abschluss-Schraube	75±5 Nm
Kunststoffmutter	10±1 Nm
Konterrohr	45±3 Nm
Sechskantmutter 7 mm hoch	65 Nm
Sechskantmutter	45±3 Nm
Sechskantmutter 7 mm hoch	65 Nm
Steckachsenverschraubung (axial)	33±4 Nm
Steckachsenklemmung	14±2 Nm
Befestigungsschrauben – Hinterrad	105±4 Nm
Antriebseinheit am Rahmen	45 – 6 Nm
Kippständer/Seitenständer am Lagerbock	41±5 Nm
Federbein (oben und unten)	53 Nm
Schwingenlagerbolzen	7,3 Nm
Auspuffkrümmer an Zylinderkopf	21±2 Nm

Motor

Freilauf	
Abdeckblech/Freilaufkäfig an Nebenwellenzahnrad	9±1 Nm
Kombinierte Wasser-/Ölpumpe	
Öldruckschalter an Gehäuse	40±5 Nm
Ablass-Schraube an Gehäuse	9±1 Nm
Verschluss-Schraube für Überdruckventil an Gehäuse	35±4 Nm
Pumpenrad an Welle – a) Mutter	21±2 Nm
Pumpenrad an Welle – b) Schraube	33±4 Nm
Pumpengehäuse an Kurbelgehäuse	7±1 Nm
Deckel an Pumpengehäuse	7±1 Nm
Zwischenflansch	
Anlaufblech an Zwischenflansch	9±1 Nm
Zwischenflansch an Kurbelgehäuse	9±1 Nm
Kurbelwelle	
Ritzel/Rotorflansch an Kurbelwelle	50±6 Nm
Kurbelwellenlagerdeckel an Zylinderkurbelgehäuse	50±6 Nm
Pleuel	
Pleuellagerdeckel an Pleuel	30±3 Nm
+Drehwinkel	80°±3°
Kurbelgehäuse-Unterteil an Zylinderkurbelgehäuse	
Abtriebswelle an Kurbelgehäuse vorn	18±2 Nm
Abtriebswelle an Kurbelgehäuse hinten	40±5 Nm

Kurbelgehäuse-Unterteil an Zylinderkurbelgehäuse aussen	7±1 Nm
Ölwanne an Kurbelgehäuse Unterteil	7±1 Nm
Deckel an Ölwanne	7±1 Nm
Öl-Ablass-Schraube	32±4 Nm

Zylinderkopf

Zylinderkopf an Zylinderkurbelgehäuse	30±4 Nm
nach 20 Minuten	45±5 Nm
Zylinderkopfhaube an Zylinderkopf	8±1 Nm
Nockenwellenlagerdeckel an Zylinderkopf	9±1 Nm
Nockenwellenräder an Nockenwellen	54±6 Nm
Kettenspanner an Zylinderkurbelgehäuse	9±1 Nm
Gleitschiene an Nockenwellenlagerdeckel	9±1 Nm
Kettenkastendeckel an Zylinderkurbelgehäuse Zylinderkopf	7±1 Nm
Deckel für Hallgeber an Kettenkastendeckel	6±1 Nm

Kupplung

Kupplungsflansch an Abtriebswelle	140+5 Nm
Gehäusedeckel an Kupplungsflansch	19±2 Nm
Mitnehmer an Nebenwelle	33±4 Nm
Drehstromgenerator an Zwischenflansch	22±3 Nm
Kurbelwellendeckel an Zylinderkurbelgehäuse	8±1 Nm
Auspuffrohre an Zylinderkopf	21±2 Nm
Kühlwasserstutzen/Ansaugstutzen an Zylinderkopf	7±1 Nm
Einspritzleiste an Zylinderkopf	7±1 Nm
Getriebe an Zwischenflansch	16±2 Nm
Federbein an Hinterradantrieb	51±6 Nm
Lagerbock an Getriebe	41±5 Nm
Luftfiltergehäuse-Unterteil an Zylinderkurbelgehäuse	21±1 Nm
Rahmen an Motor, Zwischenflansch, Getriebe	45 – 6 Nm
Anlasser an Getriebe	7±1 Nm
Kühler an Rahmen	8,5±1 Nm
Schalldämpfer an Auspuffrohr	20,5±2 Nm
Schalldämpfer an Fussrastenplatte	9±1 Nm

Getriebe

Getriebedeckel an Getriebe	9±1 Nm
Federlagerschraube an Getriebedeckel	13±2 Nm
Schaftschraube an Schaltwelle	17±2 Nm
Getriebe an Zwischenflansch	16±1 Nm
Rahmenbefestigung an Getriebe	45 – 6 Nm
Lagerbock an Getriebe	41±5 Nm
Festlager der Schwinge an Getriebe	9±1 Nm
Schwingenlagerzapfen (Loslager)	7,5±0,5 Nm
Kontermutter Schwingenloslager	41±3 Nm
Hinterradantrieb an Schwinge	40±3 Nm
Federbein an Rahmen/Hinterradantrieb	51±6 Nm
Anlasser an Getriebe	7±1 Nm
Bremssattel an Hinterradantrieb	32±2 Nm
Radschrauben (Hinterrad)	105±4 Nm
Auspuffrohre an Zylinderkopf	21±2 Nm
Schalldämpfer an Fussrastenplatte	9±1 Nm
Ölablass-Schraube an Getriebe	20±3 Nm
Öleinfüll-Schraube an Getriebe	20±3 Nm
Fuss-Schalthebel an Schaltwelle	8,5±1 Nm

MASS- und EINSTELL-DATEN

Kupplung

Kupplungsflansch an Antriebswelle	140+5 Nm
Gehäusedeckel an Kupplungsgehäuse	19±2 Nm

Auspuff

Auspuffrohre an Zylinderkopf	21±2 Nm
Schalldämpfer an Fussrastenplatte	9±1 Nm
Schalldämpfer an Auspuffrohr	20,5±2 Nm
Blende an Schalldämpfer	6±1 Nm

Kühler

Kühler an Rahmen	8,5±1 Nm
Thermostatgehäuse	3,0±0,45 Nm

Teleskopgabel

Gabelstabilisator an Gleitrohre	21±2 Nm
Ölablass-Schraube an Gleitrohr	9±1 Nm
Öleinfüllschraube an Federlager	15±2 Nm
Klemmschraube Gabelbrücke oben	22±1 Nm
Klemmschraube Gabelbrücke unten (nach Montage der oberen Gabelbrücke)	43±3 Nm
Rundmutter	spielfrei
Abschluss-Schraube*	74±5 Nm
Kunststoffmutter Verteilerrohr an Lenkrohr*	10±1 Nm
Befestigungsschraube Dämpfer an Gleitrohr	20±2 Nm
Befestigungsschraube für Steckachse	33±4 Nm
Klemmschraube der Steckachse	14±2 Nm
Hohlschraube für Bremsschlauch an Verteilerrohr	7±1 Nm
Bremssattel an Gleitrohr	32±2 Nm
Lenkerklemmböcke an Gabelbrücke	22±2 Nm
Kegelschraube in Steuerkopf	9±1 Nm
Rundmutter	spielfrei
Konterrohr**	65±5 Nm
Sechskantmutter 7 mm hoch**	65±5 Nm
Konterrohr**	45±3 Nm
Sechskantmutter 5 mm hoch**	45±3 Nm

Hinterradantrieb

Gewindering in Hinterradantrieb	118±12 Nm
Mutter auf Antriebskegelrad	200±20 Nm
Befestigungsschrauben Gehäusedeckel	21±2 Nm

Bremsscheibe an Hinterradantrieb	21±2 Nm
Schwingenfestlager an Getriebe	9±1 Nm
Schwingenloslagerzapfen	7,5±0,5 Nm
Kontermutter Schwingenloslager	41±3 Nm
Hinterradantrieb an Schwinge	40±3 Nm
Federbein an Rahmen/Hinterradantrieb	51±6 Nm
Bremssattel an Hinterradantrieb	32±2 Nm
Radschrauben (Hinterrad)	105±4 Nm
Öl-Ablass-Schraube Hinterachsgehäuse	25±3 Nm
Öl-Einfüll-Schraube Hinterachsgehäuse	20±2 Nm
Induktivgeber an Hinterradantrieb	2,5±0,5 Nm

Bremsen

Bremssattel an Gleitrohr/Hinterradantrieb	32±2 Nm
Bremsleitung an Bremssattel	7±1 Nm
Bremsschlauch an Bremsrohrleitung	7±1 Nm
Hohlschraube für Bremsschlauch an Verteilerrohr	7±1 Nm
Verteilerrohr an Gabelbrücke	10±1 Nm
Bremsschlauch an Verteilerrohr	7±1 Nm
Bremsschlauch an Hauptbremszylinder	11±1 Nm
Bremsscheibe an Vorderrad	29±3 Nm
Befestigungsschraube der Steckachse	33±4 Nm
Klemmschraube der Steckachse	14±2 Nm
Bremsscheibe an Hinterradantrieb	21±2 Nm
Radschrauben (Hinterrad)	105±4 Nm
Fussbremshebel an Fussrastenplatte	25±3 Nm
Hauptbremszylinder an Fussrastenplatte	6±1 Nm
Stellschraube an Hauptbremszylinder	18±2 Nm
Entlüfterschraube	7±1 Nm

Motor-Elektrik

Starter an Getriebe	6±1 Nm
Kabelanschluss Anlasser	4 – 6 Nm
Drehstromgenerator an Zwischenflansch	21,5±2 Nm
Kupplungstopf an Drehstromgenerator	45±6 Nm
Magnetschrankenplatte an Kettenkastendeckel	3,5±0,5 Nm
Einstellscheibe für OT	2,5±0,5 Nm
Deckel für Hallgeber	6±1 Nm
Zündkerze	20±2 Nm
Zündspulen an Zwischenflansch	5±0,5 Nm

Lenkung

Lenkerbock Klemmhälften	22±2 Nm
Lenkerbock an oberer Gabelbrücke	16±2 Nm
Spiegel an Gehäuse	15±3 Nm

* bei K 75c bis Fahrgestellnummer 0113804
** nur bei K 75c ab Fahrgestellnummer 0113805

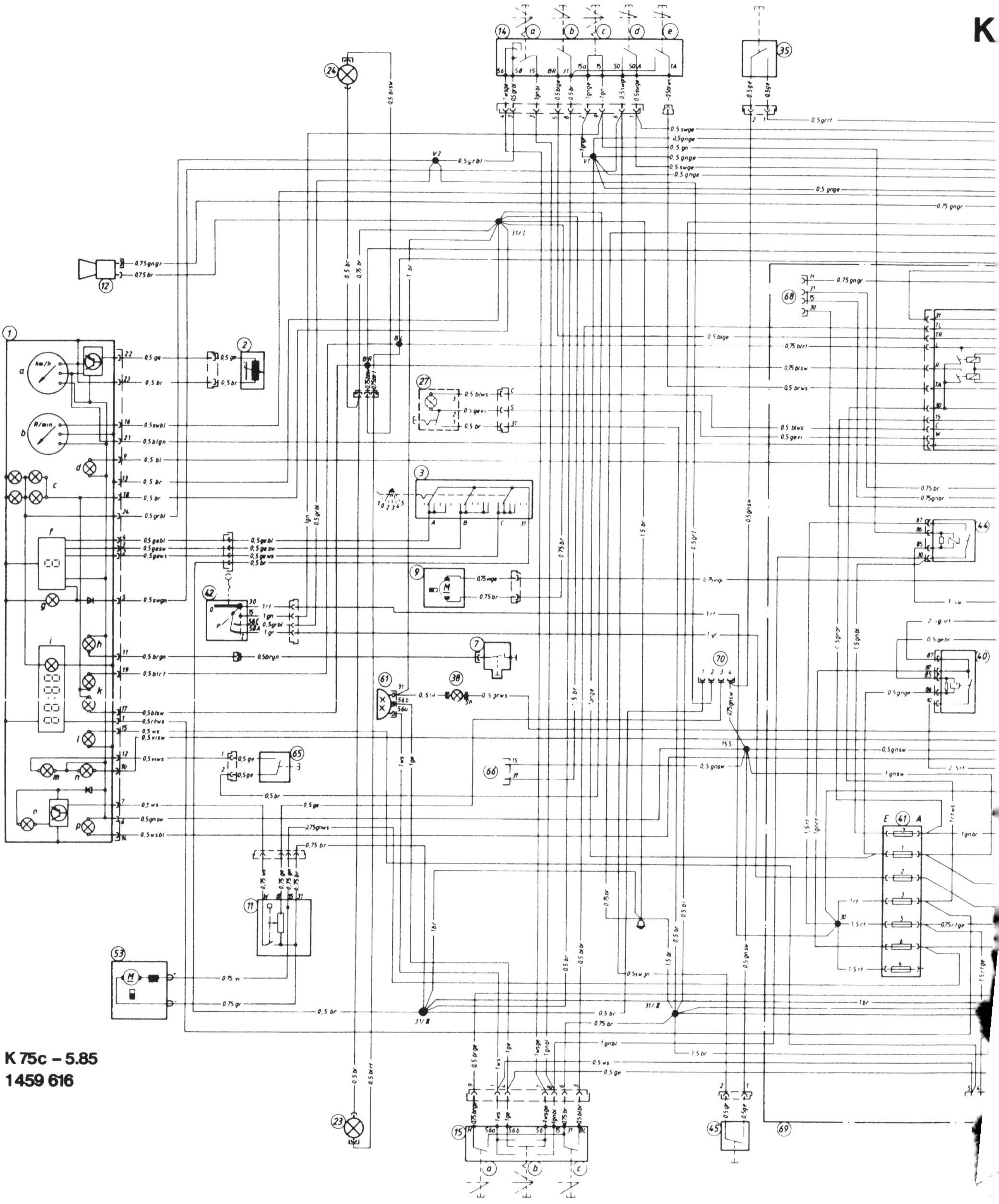

K 75c – 5.85
1459 616

.75c

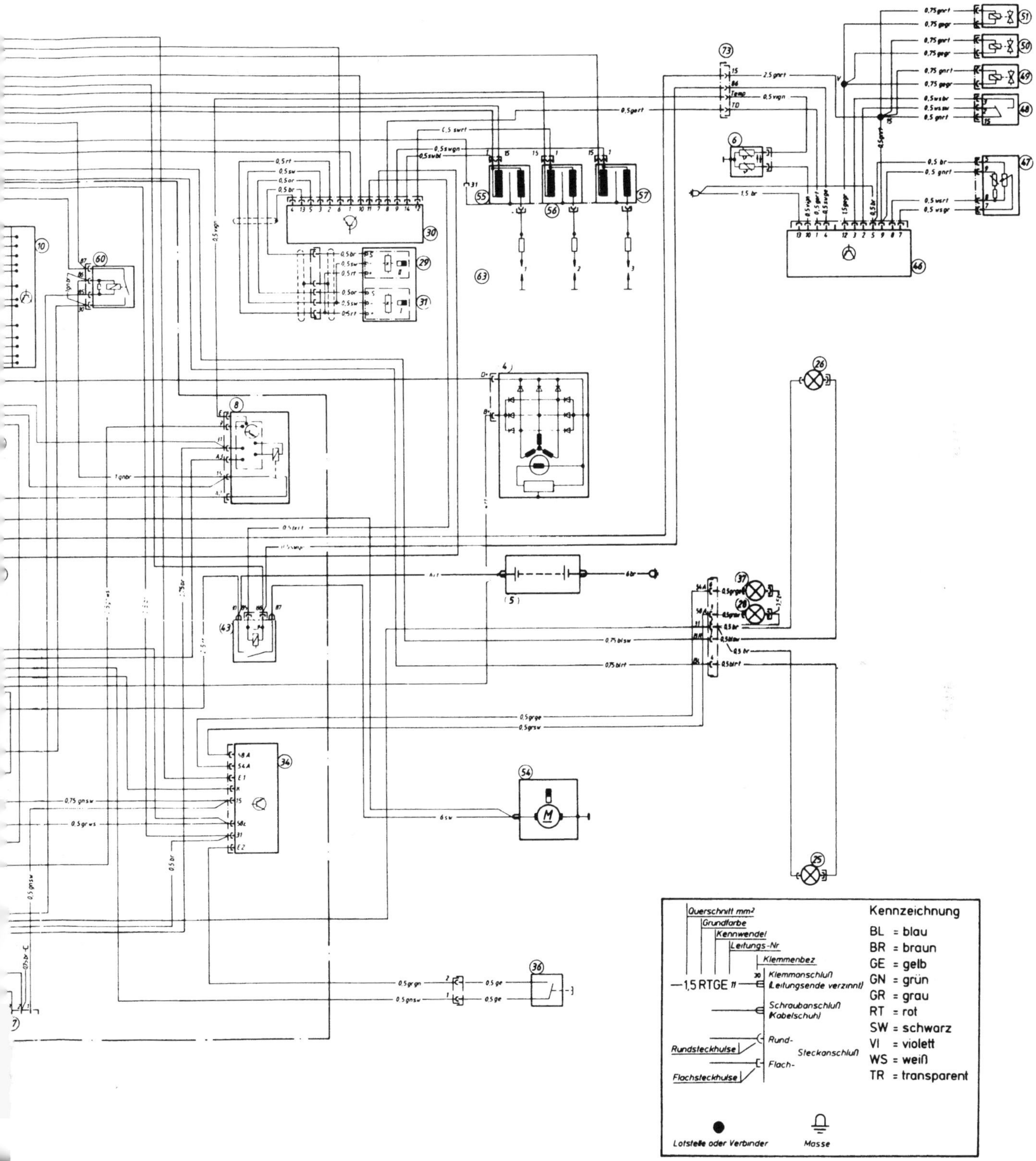

Querschnitt mm²
Grundfarbe
Kennwendel
Leitungs-Nr
Klemmenbez
—1,5 RTGE 11
Klemmanschluß (Leitungsende verzinnt)
Schraubanschluß (Kabelschuh)
Rund-
Steckanschluß
Flach-
Rundsteckhulse
Flachsteckhulse
Lotstelle oder Verbinder
Masse
Kennzeichnung
BL = blau
BR = braun
GE = gelb
GN = grün
GR = grau
RT = rot
SW = schwarz
VI = violett
WS = weiß
TR = transparent

Erläuterungen zum Schaltplan K 75c

1 Instrument
 a) Tachometer
 b) Drehzahlmesser
 c) 4× Instrumentenbeleuchtung
 d) Ladestromkontrolleuchte (rot)
 e) nicht belegt
 f) Ganganzeige
 g) Leerlaufkontrolleuchte (grün)
 h) Öldruckkontrolleuchte (rot)
 i) Zeituhr
 k) Blinkerkontrolleuchte links und rechts (grün)
 l) Fernlichtkontrolleuchte (blau)
 m) Kaltstartanhebung-Choke-Kontrolle (orange)
 n) Kühlmitteltemperatur warm (rot)
 o) Kraftstoffanzeige (rot)
 p) Lampenkontrolleuchte (rot)
2 Induktivgeber
3 Getriebeschalter
4 Drehstromgenerator
5 Batterie
6 Temperaturfühler
7 Öldruckschalter
8 Temperaturschaltgerät
9 Lüftermotor
10 Blinkgeber
11 Kraftstoffstandgeber
12 Fanfare
13 nicht belegt
14 Kombischalter rechts
 a) Lichtschalter
 b) Blinkerschalter rechts
 c) Notausschalter
 d) Anlasserschalter
 e) Blinkerausschalter
15 Kombischalter links
 a) Hornschalter
 b) Fernlichtschalter
 c) Blinkerschalter links
23 Blinker vorne links
24 Blinker vorne rechts
25 Blinker hinten links
26 Blinker hinten rechts
27 Warnblinkschalter (SA)
28 Schlusslicht
29 Hallgeber II
30 Schaltgerät für Zündung
31 Hallgeber I
32 nicht belegt
33 nicht belegt
34 Lampenkontrollgerät
35 Bremslichtschalter vorne
36 Bremslichtschalter hinten
37 Bremslicht
38 Standlicht
39 nicht belegt
40 Einspritzrelais
41 Sicherungskasten
42 Zündschalter
43 Anlasserrelais
44 Entlastungsrelais
45 Kupplungsschalter
46 Steuergerät für LE-Jetronic
47 Luftmengenmesser
48 Drosselklappenschalter
49 Ventil 1
50 Ventil 2
51 Ventil 3
52 nicht belegt
53 Kraftstoffpumpe
54 Anlasser
55 Zündspule 1
56 Zündspule 2
57 Zündspule 3
58 nicht belegt
59 nicht belegt
60 Hornrelais
61 Scheinwerfer
62 nicht belegt
63 Zündkerzen 1...3
64 nicht belegt
65 Kaltstartanhebung-Choke-Kontroll-Schalter
66 Anschluss Heizgriffe (SA)
67 Anschluss für SA
68 Anschluss für Diebstahlwarnanlage (SA)
69 Kasten für Elektrik
70 Anschluss Zusatzinstrumente
71 nicht belegt
72 nicht belegt
73 Anschluss Motorkabelbaum

FSC
www.fsc.org
MIX
Papier | Fördert gute Waldnutzung
FSC® C083411

Kolibri 360 GmbH
Ferdinand-Jühlke-Straße 7
99095 Erfurt, Deutschland
produktsicherheit@kolibri360.de